大型活动食品安全风险防控丛书

国家重点研发计划项目"重大活动食品安全风险防控警务模式及关键技术研究"（2018YFC1602700）结项成果

大型活动肉与肉制品食品安全风险分析

李　楠　韩小敏　杨　杰　主编

U0364546

中国人民公安大学出版社

·北　京·

图书在版编目（CIP）数据

大型活动肉与肉制品食品安全风险分析 / 李楠，韩小敏，杨杰主编 . —北京：中国人民公安大学出版社，2023.6

（大型活动食品安全风险防控丛书 / 李春雷主编）

ISBN 978-7-5653-4717-7

Ⅰ.①大… Ⅱ.①李…②韩…③杨… Ⅲ.①肉类—食品安全—风险管理 Ⅳ.①TS201.6

中国国家版本馆 CIP 数据核字（2023）第 116978 号

大型活动肉与肉制品食品安全风险分析

李　楠　韩小敏　杨　杰　主编

出版发行：中国人民公安大学出版社
地　　址：北京市西城区木樨地南里
邮政编码：100038
经　　销：新华书店
印　　刷：天津盛辉印刷有限公司
版　　次：2023 年 6 月第 1 版
印　　次：2023 年 6 月第 1 次
印　　张：10.5
开　　本：787 毫米×1092 毫米　1/16
字　　数：167 千字
书　　号：ISBN 978-7-5653-4717-7
定　　价：68.00 元
网　　址：www.cppsup.com.cn　　www.porclub.com.cn
电子邮箱：zbs@cppsup.com　　zbs@cppsu.edu.cn
营销中心电话：010-83903991
读者服务部电话（门市）：010-83903257
警官读者俱乐部电话（网购、邮购）：010-83901775
教材分社电话：010-83903084

本社图书出现印装质量问题，由本社负责退换

版权所有　侵权必究

大型活动食品安全风险防控丛书
编委会

主 任：李春雷

委 员：（以姓氏笔画为序）

王佳慧	甘 辛	史运涛	刘 明
刘乐斌	许秀丽	李 辉	李 楠
李凤玲	李书钦	李丽华	李晓理
杨 杰	杨 柳	张 莉	张伟珂
陈成鑫	陈继亚	金佳雯	贾 鼎
崔小雨	蒋维嘉	韩小敏	韩逸陶
鲁晶晶	谢 刚		

大型活动肉与肉制品食品安全风险分析

主　　编：李　楠　国家食品安全风险评估中心
　　　　　韩小敏　国家食品安全风险评估中心
　　　　　杨　杰　广州市花都区疾病预防控制中心

副 主 编：王佳慧　国家食品安全风险评估中心
　　　　　甘　辛　国家食品安全风险评估中心

执行主编：江　涛　国家食品安全风险评估中心
　　　　　李凤琴　国家食品安全风险评估中心

编　　者：赵　丽　山东大学
　　　　　董庆利　上海理工大学
　　　　　赵東云　国家食品安全风险评估中心
　　　　　徐文静　国家食品安全风险评估中心
　　　　　乌伊罕　内蒙古自治区疾病预防控制中心
　　　　　李燕俊　国家食品安全风险评估中心
　　　　　章　缜　上海理工大学
　　　　　孟　迪　中国农业大学
　　　　　林志伟　广州市花都区疾病预防控制中心
　　　　　付　萍　中国医学科学院输血研究所
　　　　　李　钊　上海理工大学

总　序

　　党的十八大以来，我国积极参与全球治理，相继在各地举办各类大型活动，逐渐成为国际政治、经济、文化交流的重要舞台。这类大型活动，人员规模大、政治规格高，举办期间餐饮服务供应人数众多、对象特殊、用餐集中，极易发生食品安全事件。如何科学地开展食品安全风险评估和针对性防控，受到历次大型活动承办方和食品安全保障部门的高度关注。但总体上，正如2019年5月公开发布的《中共中央国务院关于深化改革加强食品安全工作的意见》指出的那样，"我国食品安全工作仍面临不少困难和挑战，形势依然复杂严峻"，诸如"微生物和重金属污染、农药兽药残留超标、添加剂使用不规范、制假售假等问题时有发生"等。而且，"新业态、新资源潜在风险增多"。与此同时，现代技术、文化冲突、社会割裂裹挟而来的公共风险，亦极大地增加了此类活动中食品安全风险防控和警务保障压力。"一地一事一策""人海式被动应对"的现有警务模式，难以有效解决毒害危险物难防范、难预警、难处置等问题。为此，大型活动食品安全风险防控工作对技术与警务深度融合的新型执法模式需求迫切。

　　在此背景下，"十三五"国家重点研发计划"食品安全关键技术研发"重点专项2018年度项目申报指南中，第一次列出针对此类活动食品安全风险防控的重点研究项目——"重大活动食品安全风险防控警务模式及关键技术研究"，并面向全国公开招标。对此，我们高度重视并积极跟进，经过多轮研讨、磋商，最终组成了由中国人民公安大学牵头，中国检验检疫科学研究院、国家食品安全风险评估中心、北方工业大学、公安部物证鉴定中心、北京工业大学、国家粮食和物资储备局科学研究院、北京市疾病预防控制中心、中国仪器仪表学会、北京维德维康生物技术有限公司、江苏华安博远检测技术有限公司等大学、科研院所及科技公司参与的学科专业交叉、产学研用一体的项目申报组，我则以主持人身份具体负责组织论证、研究任务分工以及撰写申请书、带队答辩等工作。经过紧张准备、反复研讨、不断修改完善申报书，最终顺利通过管理部门的审核与专家组的问询、答辩。2018 年 12 月，为期三年的项目研究合同书正式签定。之后，来自全国十一家科研单位的近百名研发人员，历经三年多的实地调研、扎实研究、成果应用示范，终于依约、保质、保量地圆满完成各项研发任务。2022 年 8 月，项目组顺利通过科技部组织的综合绩效评价。本套十本丛书，亦即该项目研究成果的集中梳理与展现。

该项目的主要任务和研究目标，就是针对大型活动食品安全风险防控需求，研究毒害危险物现场快检与精准检测、毒害危险物全链条防范、警务情报信息综合研判、现场救援与应急处置等关键技术，达到"风险防范全面准确、危机预警确切及时、情报研判动态智能、应急处置协调高效"的技术要求，建立科学化、规范化、信息化的警务执法模式，实现对毒害物全链条防范、实时精准检测和食品案（事）件的智能研判与高效处置，显著提升大型活动食品安全风险防控能力与效益。由此，本套丛书的内容主要涵括：其一，以大型活动食品安全风险防控体系及其相应的危机处置警务模式为主要研究内容，以保障大型活动食品安全为目标，紧密结合食品安全风险危害和应急处置的实践需要，以低成本、可复制、可推广的风险防控体系与危机处置警务模式为出发点，进行了大型活动食品安全风险防控基础理论与警务执法模式研究；其二，以乳与乳制品、肉及肉制品、蔬菜等大型活动常见的食品基质为研究对象，进行了食品中毒害危险物现场快检与精准检测关键技术研究；其三，以大型活动中五类食品（粮食及其制品、肉及肉制品、乳与乳制品、果蔬、水产品）中的重金属、农兽药、致病微生物、真菌毒素及非法添加毒害物为研究对象，对大型活动食品毒害危险物全链条防范技术进行了研究；其四，为了对大型活动食品安全风险的预测预警提供强力支撑，研究了基于人工智能与复杂系统定性定量综合集成的情报信息综合研判技术；其五，着眼于食品安全保障中不法行为的刑法评价，从规范与经验两个视角对大型活动中食品安全问题的应急处置、事后处罚进行探讨，梳理提炼既往的司法处置经验并提出相关犯罪的认定标准；其六，针对大型活动中食品安全警务执法模式的应用示范，分别从应用示范点的筛选、应用示范流程、典型示例等多方面开展论述与分析。①

总体上，本套丛书涉及大型活动食品安全风险防控的体系与模式、技术与

---

① 在上述工作基础上，项目组还研发了大型活动食品安全现场救援、应急处置的集成化警务关键技术、应急标准及警务系统。但因相关内容较为敏感，故未收录到本套丛书中。

标准、模型与装备、数据库与平台以及综合成果的应用示范。一定意义上，相关成果填补了该领域高危毒害物国家检测标准空白，强化了食品安全防控效果；构建了低成本、可推广、高效率的食品安全防控警务机制，优化、节约了执法资源。希望本套丛书的出版，在促进大型活动食品安全风险防控的同时，也能更大程度上推动相关成果的外溢和转化，助力提升食品安全日常行政监管与刑事治理工作，全链条推进我国从农田到餐桌的食品安全！

大型活动的食品安全风险防控工作，涉及多学科、多专业、多部门，加之相关工作的高度敏感性，项目组对相关问题的认识未必十分精准，所提出的对策建议及相关研发成果，也未必全都能切合实际。为此，亦请业内理论与实务部门的各位领导和专家，对丛书的相关内容多加批评指正，我们将在后续再版工作中，及时修改完善。

中国人民公安大学犯罪学学院　教授
食品药品与环境犯罪研究中心　主任
2023 年 6 月于北京木樨地

前　言

　　近年来，随着综合国力的提升，我国参与全球治理和构建国家治理体系的步伐加快，相继主办了 G20 杭州峰会、"一带一路"国际合作高峰论坛、博鳌亚洲论坛以及 2022 年北京冬奥会、冬残奥会等世界级别的大型活动。此类活动的成功举办对提升我国国民自豪感与国际影响力大有裨益，随之而来的大型活动食品安全风险防控也成为非常重要的研究课题，特别是对作为重要食品类别的肉与肉制品食品的安全风险防控研究，更是成为重中之重。

　　国际上在食品安全风险评估、风险管理以及食品安全、风险交流和健康教育等方面做了大量的工作和研究，旨在最大程度降低肉与肉制品食品安全风险，值得我们借鉴和学习。为此，本书在系统性地收集、整理和分析国内外肉与肉制品食品安全风险分析研究报告、规范文件和科普材料的基础上，对肉与肉制品食品安全风险相关问题进行了深入研究，希望为食品安全监管和风险评估专业人员以及相关企业质量控制从业人员学习、了解肉与肉制品食品安全风险分析提供帮助，尤其是为保证我国大型活动的肉与肉制品食品安全提供参考。

　　由于编者水平有限，加之时间仓促，书中难免存在疏漏和不妥之处，恳请专家和广大读者批评指正。

编　者

2023 年 3 月 6 日

目 录

第一章 绪 论

　　肉与肉制品是人类动物蛋白的主要来源，其质量是影响人们身体健康的重要因素之一。肉的来源和部位不同，种类繁多；肉制品加工工艺不同，风味各异。我国人口众多，地域广阔，人们的生活习惯和口味存在差异，居民膳食中肉和肉制品的消费具有一定的特征，这对我国肉类工业产生巨大的影响。作为全球最大的肉类消费市场，自 20 世纪 90 年代初至今，我国肉类消费量逐年增长，持续稳居世界第一。2022 年发布的《中国肉食消费市场报告》显示，2021 年我国肉类消费总量高达近 1 亿吨，占全球总量的 27%。

　　随着我国经济的高速发展，综合国力和人民生活水平的飞跃提升，我国所举办的大型活动也日渐增多。大型活动的举办对党、国家、行业、地方均具有重大意义，它具有投入力量大、时间短、工作任务繁多、各类食品安全隐患集中等特点。而大型活动期间食品污染、食物中毒事件等食品安全问题时有发生，引起党中央、国务院等各级政府领导的高度重视。在各地发布的大型活动禁用、慎用食品类别清单中也体现了各级政府对于大型活动中食品安全的高度重视。如奥运会期间，我国构建了三级餐饮保障体系，从种养殖、生产加工、运输仓储、烹饪制作、餐饮服务到垃圾回收等环节全流程进行严格管理。而相较于其他类型活动，运动员除营养需求外，还需要杜绝发生兴奋剂问题，对食品安全工作提出了更高的挑战。肉与肉制品因其营养物质丰富的特性，以及养殖、屠宰、生产、运输等环节的影响，存在包括寄生虫、微生物、抗生素和农药残留等在内的生物和理化两大类安全风险。如何保障肉与肉制品安全，更好提升产品质量，加强其在大型活动中的质量安全监管已成为我国肉与肉制品生产加工企业和各级食品安全监管部门关注的焦点。

一、肉与肉制品的定义及分类

（一）肉与肉制品的定义

1. 肉

畜禽屠宰后所得可食用部分统称为肉，包括胴体（骨除外）、头、蹄、尾、内脏等。在形态学上，肉由肌肉组织、骨骼组织、脂肪组织和结缔组织组成，这决定了肉的食用性质和商品价值，而动物的种类、性别、年龄、肥度等与肉的质量关系密切。适合人类食用的肉，必须是宰后，经过变硬（僵直）、解僵、后熟的肉。[1] 这里仅涉及畜禽肉。

2. 肉制品

肉制品是指用畜禽肉或其可食副产品为主要原料，添加或不添加辅料，经腌、腊、卤、酱、蒸、煮、熏、烤、烘焙、干燥、油炸、成型、发酵、调制等有关工艺加工而成的生或熟的肉类制品。[2]

近年来出现的植物基肉制品，又称"人造肉"，是指以植物原料（如豆类、谷物类等，也包括藻类及真菌类等）或其加工品作为蛋白质、脂肪的来源，添加或不添加其他辅料、食品添加剂（含营养强化剂），经加工制成的具有类似畜、禽、水产等动物肉制品质构、风味、形态等的食品。[3] 随着我国人口的增加和生活水平的提高，动物基肉与肉制品资源逐渐供不应求，植物基肉与肉制品作为肉类替代品成为未来肉类食品的趋势。

（二）肉与肉制品的分类

1. 肉的分类[4]

从畜禽的种类来分，肉可分为牛肉、猪肉、羊肉、鸡肉、鸭肉、兔肉等。

---

[1] 曹程明：《肉及肉制品质量安全与卫生操作规范》，中国计量出版社 2008 年版，第 1 页。
[2] 参见中华人民共和国农业行业标准，NY/T 843-2015《绿色食品 畜禽肉制品》。
[3] 参见中国食品科学技术学会团体标准，T/CIFST 001-2020《植物基肉制品》。
[4] 参见中华人民共和国国家标准，GB/T 19480-2009《肉与肉制品术语》。

按照处理工艺不同，肉可分为热鲜肉、冷却肉（冷鲜肉）、冷冻肉。热鲜肉，是指屠宰后未经人工冷却过程的肉；冷却肉（冷鲜肉），是指在低于0℃环境下，将肉中心温度降到0℃~4℃，而不产生冰结晶的肉；冷冻肉，是指低于-23℃环境下，将肉中心温度降到低于或者等于-15℃的肉。

按照肉的色泽不同，肉可分为红肉、白肉。红肉，是指含有较多肌红蛋白、呈现红色的肉类，如猪、牛、羊等畜肉。白肉，是指肌红蛋白含量较少的肉类，如鸡、鸭、鹅等禽肉。

2. 肉制品的分类

按照加工工艺不同，肉制品分为以下八类：①②

（1）腌腊肉制品。腌腊肉制品是以畜禽肉或其可食用副产品为原料，添加或不添加辅料，经腌制、晾晒（或不晾晒）、烘焙（或不烘焙）等工艺制成的肉制品，包括咸肉类、腊肉类、腌制肉类。咸肉是以鲜肉为原料，用食盐和其他调味料，经腌制，加工而成的生肉制品，如咸猪肉。腊肉是以鲜肉为原料，经腌制、烘烤（或晾晒、风干、脱水）、烟熏（或不烟熏）等工艺加工而成的生肉制品，如四川腊肉、广式腊肉、湖南腊肉。腌制肉是以鲜（冻）畜禽肉（或带骨肉）、副产品为原料，配以食盐、调料、食品添加剂等辅料，经修整、注射（或不注射）、滚揉（或搅拌、斩拌）、腌制、切割（或成型）、包装、冷藏等工艺加工而成的生肉制品，如风干禽肉、腌制鸭、腌制肉排、腌制猪肘、腌制猪肠和生培根等。

（2）酱卤肉制品。酱卤肉制品，是指将鲜（冻）畜禽肉和可食副产品放在加有食盐、酱油（或不加）、香辛料的水中，经预煮、浸泡、烧煮、酱制（卤制）等工艺加工而成的酱卤系列肉制品，包括酱卤肉类、糟肉类、白煮肉类、肉冻类。

酱卤肉类包括酱肉、卤肉及肉类副产品、酱鸭、盐水鸭、扒鸡等肉类制品；糟肉制品是将畜禽肉用酒糟或陈年香糟代替酱汁或卤汁制成的肉制品，包括糟肉、糟鹅、糟翅、糟鸡等；白煮肉类包括白切羊肉、白切鸡等肉类制品；肉冻类包括肉皮冻、水晶肉等肉类制品。

（3）熏烧焙烤肉制品。熏烧焙烤肉制品是指以畜禽肉为原料，添加相

---

① 参见中华人民共和国农业行业标准，NY/T 843-2015《绿色食品 畜禽肉制品》。

② 参见中华人民共和国国家标准，GB/T 26604-2011《肉制品分类》。

关辅料，经腌、煮等工序进行前处理，再以烟气、热空气、火苗或热固体等介质进行熏烧、焙烤等工艺制成的肉制品，包括熏烤肉类、烧烤肉类、焙烤肉类。熏烤肉类包括熏肉、烤肉、熏肚、熏肠、烤鸡腿、熟培根等肉类制品；烧烤肉类包括盐焗鸡、烤乳猪、叉烧肉、烤鸭等肉类制品；焙烤肉类包括肉脯等肉类制品。

（4）干肉制品。包括肉干、肉松等肉类制品。肉干制品是以畜禽肉为原料，经修割、预煮、切丁（或片、条）、调味、复煮、收汤、干燥制成的熟肉制品。肉松是以畜禽瘦肉为主要原料，经修整、切块、煮制、撇油、调味、收汤、炒松、搓松制成的肌肉纤维蓬松呈絮状的熟肉制品。

（5）油炸肉制品。油炸肉制品是指原料肉经预处理后，放入较高温度下的油脂中进行热加工的肉制品，包括炸肉排、炸鸡翅、炸肉串、炸肉丸、炸乳鸽等肉类制品。

（6）肠类肉制品。肠类肉制品是原料肉经切、斩拌、乳化并添加调味料、香辛料，灌入肠衣内，经烘烤、蒸煮、发酵等而成的肉制品，包括火腿肠类、熏煮香肠类、中式香肠类、发酵香肠类、调制香肠类和其他肠类。

火腿肠类包括肉肠、鸡肉肠等肉类制品；熏煮香肠类包括热狗肠、法兰克福香肠、维也纳香肠、啤酒香肠、红肠、香肚、无皮肠、香肠、血肠等肉类制品；中式香肠类包括风干肠、腊肠、腊香肚等肉类制品；发酵香肠类包括萨拉米香肠等肉类制品；调制香肠类包括松花蛋肉肠、肝肠、血肠等肉类制品；其他肠类包括台湾烤肠等肉类制品。

（7）火腿肉制品。火腿肉制品是以动物的腿（如牛腿、羊腿、猪腿、鸡腿）为原料，经过盐渍、烟熏、发酵和干燥处理而制成的肉制品，包括中式火腿类、熏煮火腿类等。

中式火腿类包括金华火腿、宣威火腿、如皋火腿等生火腿的肉类制品。熏煮火腿类包括盐水火腿、熏制火腿等肉类制品。

（8）调制肉制品。调制肉制品是以禽畜鱼肉为主要原料，添加（或不添加）时令蔬菜和（或）辅料、食品添加剂，经滚揉（或不滚揉）、切制（或绞制）、混合搅拌（或不混合）、成型（或预热处理）、包装、冷却（或冷结）等工艺加工而成的系列风味生肉制品，包括咖喱肉、各类肉丸、肉卷、肉糕、肉排、肉串等肉类制品。

3. 植物基肉制品的分类

目前，植物基肉制品分为两类：

（1）基于植物蛋白的肉。以植物蛋白为原料，主要通过挤压、成丝、调理等技术生产的有类似肉类质构、口感和风味的仿肉制品，所以又被称为素肉、植物肉、模拟肉等。

（2）细胞培养肉。依据动物肌肉生长修复机理，利用其干细胞进行体外培养而获得的肉类，不需要经过动物养殖，又被称为培养肉、培育肉、体外肉或者清洁肉。目前细胞培养肉仍处于研发阶段，尚无商品化的产品销售。[①]

（三）我国传统肉制品及其特征

我国传统肉制品有着悠久的历史，因其独特的风味、颜色和造型而闻名于世，深受广大消费者的青睐。传统肉制品在原料选择、配方调制、加工制造及产品的色、香、味、形等方面均具有中国食文化载体的特色，极具民族特色，体现了传统肉制品的有形和无形价值，具有非常大的竞争力和发展潜力。同时，我国传统肉制品品种繁多，仅优质的传统名特产品就有500多种，加上一般地方产品可以说是不计其数。

传统肉制品按风味不同可分为四大类，北味（京式）、南味（苏式）、广味（广式）和川味（云南、贵州、四川、湖南），各具特点。[②] 其共同特征如下：

1. 产品色、香、味、形各具特点，适合不同消费者的嗜好习惯

我国辽阔的地域和众多的民族使饮食嗜好相差悬殊。在口味、口感上，不同地区、不同年龄层次的人有不同的喜好。因此，中国传统肉制品在不同地区具有不同的风味，以满足不同的要求：山东偏咸、江浙偏甜、云贵川喜麻辣、广东爱腊香；酱卤肉类讲究酥而不烂，肥而不腻；熏烤制品要求外皮松脆，内肉细腻；肉干则经咀嚼，耐品味；肉松须入口自溶。

---

① 江连洲、张鑫、窦薇、隋晓楠：《植物基肉制品研究进展与未来挑战》，载《中国食品学报》2020年第8期，第1~10页。

② 励建荣：《中国传统肉制品的现代化》，载《食品科学》2005年第7期，第247~251页。

2. 加工工艺暗含科学道理

肉制品的加工工艺中运用了防腐和杀菌技术。我国传统肉制品的制作已有三千多年历史，当时，我们的先辈并不知道防腐、杀菌机理，但却巧妙地将这些技术应用到肉制品加工过程中，这在世界肉品加工技术史上占有重要地位，对世界肉制品加工技术和加工理论的发展做出了杰出贡献。相传欧洲最为著名的帕尔玛火腿就是 700 多年前以马可·波罗从中国带回的金华火腿加工技术为基础发展形成的。现代肉品贮藏理论——莱斯特博士的栅栏效应理论也是在研究中国腊肠的菌相构成后得以证实和丰富起来的。

3. 添加剂安全易得

传统肉制品所用的腌制剂主要是盐和少量亚硝酸钠，添加剂主要是淀粉，香辛料除一般常用的外，还有许多中草药，如丁香、白芷等。上述物料都来源于天然，十分安全。此外香辛料风味独特，且具有健脾胃、助消化、活血、提神等保健功能。

不同肉制品由于其加工工艺不同，其特征也不同。腌腊肉制品风味独特，色泽红白分明，肉质细致紧密，味道咸鲜可口，耐贮藏。酱卤制品为熟化，风味独特，色泽鲜艳、肉嫩。熏烧焙烤肉制品皮脆肉嫩，色泽诱人，味道鲜美，香味浓郁。熏烧肉制品有独特的烟熏味，保质期长。干肉制品风味浓郁，水分含量低，耐贮藏，体积小，便于运输和贮藏。油炸肉制品具有独特的油香味，颜色呈金黄色，熟化时间短，营养成分不易流失。肠类肉制品产品组织状态好，持水性高。火腿肉制品皮薄肉嫩，肉质红白鲜艳，肌肉呈玫瑰红色，具有独特的腌制风味，虽然肥瘦兼具，但食而不腻，易于保藏。调制肉制品食用方便、快捷。

随着我国食品工业的发展以及国民生活水平的提高，将我国传统肉制品进行工业化生产，让安全、营养、健康的传统肉制品进入千家万户成为我国传统肉制品发展的必经之路。①

①　闫文杰、李鸿玉、荣瑞芬：《中国传统肉制品存在的问题及对策》，载《农业工程技术（农产品加工业）》2008 年第 3 期，第 40~43 页。孙东跃：《中国传统肉制品现代化工业加工研究进展》，载《中国食品添加剂》2021 年第 5 期，第 203~206 页。

（四）肉与肉制品的感官、质量等指标及评价方法

随着国民经济的发展，人们的饮食消费水平不断提高，对各种肉食品的摄取，由体能的需要逐渐转化为品味的满足，即色、香、味俱全，这就要求肉与肉制品必须具有良好的品质。另外，在肉与肉制品的生产、加工过程中，存在化学污染和生物污染的风险，化学污染主要包括环境中的有害金属、食品添加剂、残留农药、残留兽药污染。生物污染包括微生物、寄生虫、有毒生物组织和昆虫污染等。因此，肉与肉制品的指标包括感官指标、质量指标、生物指标和理化指标。

1. 感官指标

肉与肉制品感官指标包括色泽、气味、滋味（熟肉制品）、状态。[①]

对于鲜（冻）畜禽产品、腌腊肉制品，检验方法为：取适量试样置于洁净的白色盘（瓷盘或同类容器）中，在自然光下观察色泽和状态，闻其气味。对于熟肉类制品，除了上述方法外，还需要用温开水漱口，品其味道。色泽方面，要求应具有产品应有的色泽，腌腊肉制品应无黏液、无霉点。气味方面，具有产品应有的气味，无异味、无异嗅，腌制腊肉制品应无酸败味。状态方面，具有产品应有的状态，无正常视力可见外来异物，熟肉类应无焦斑和霉斑。

2. 质量指标

肉与肉制品质量指标主要有肉色、风味、嫩度、持水力。[②]

（1）肉色。肉色由肌红蛋白和少量残留的血红蛋白所引起。当猪肉被切开并放置一段时间后，肉的颜色将发生变化，由最初的紫红色转变为鲜红色。随着时间的延长，肉色最后呈现暗红色。肉色的变化主要由于肌红蛋白的不断氧化而致。

肉色的评定有很多方法，过去主要有 Hornsey 法、氰化法、Karlsson 法和 Trout 法等。目前，波长测定仪、白度仪、色差计和色度仪等快速准确的

---

① 参见 GB 2707-2016《食品安全国家标准 鲜（冻）畜、禽产品》、GB 2726-2016《食品安全国家标准 熟肉制品》、GB 2730-2015《食品安全国家标准 腌腊肉制品》。
② 张英华：《肉的品质及其相关质量指标》，载《食品研究与开发》2005 年第 1 期，第 39~42 页。袁琴琴、刘文营：《肉及肉制品质量属性评价方法及其面临问题》，载《食品安全质量检测学报》2020 年第 21 期，第 7981~7991 页。

测定仪器已开始用于肉色评定，特别是色度仪能在 1 秒钟内快速测定出肉样 Hunter 氏 L^* 值（亮色）、a^* 值（红色）和 b^* 值（黄色）。

（2）风味。不同种类的肉与肉制品，由于其加工工艺不同，味道和气味各异，检测方法主要是鼻嗅、品尝。电子鼻可用于产品主题风味特征及相似性判断，电子舌可用于产品味道特征比较分析。

（3）嫩度。嫩度，是指人对肉入口后咀嚼过程中的感受，包括入口开始咀嚼时咬开的容易度、咬碎程度和咀嚼后留在口中的残渣量。它是肉的主要食用品质之一，是消费者评判肉质优劣的最常用指标，是主导肉质的决定性因素和重要的感官特征。肉的嫩度是一种综合感觉，是肌原纤维蛋白和结缔组织蛋白（胶原）物理及生化状态的反映。目前研究表明，宰后肌肉嫩度的变化是在多种酶的协同作用下完成的，其中一个重要部分是钙激活酶对骨骼细胞和肌原纤维蛋白的水解。蛋白质降解造成肌原纤维结构破坏，由原来数十个肌节相连而成的长纤维在成熟中断裂成为 1~4 个肌节相连的小片，使切割所需要的剪切力大为减少，这是肌肉嫩度增加的重要原因。

嫩度的影响因素有品种、年龄、肌纤维直径、肌束膜含量、僵尸状态、外界温度及其肌肉脂肪含量等。

嫩度可通过感官方法和仪器方法进行评定。常用的测定方法有人工口腔测定和嫩度仪测定等。

根据中国农行业标准 NY/T 1180-2006《肉嫩度的测定 剪切力测定法》，使用肉嫩度仪记录刀具切割肉样时的用力情况，并把测定的剪切力峰值作为肉样嫩度值。

（4）持水力。持水力，是指肌肉组织保持水分的能力，正常肌肉组织中含有大量的水分，平均为 70% 左右。肉类一般含 20% 的蛋白质。肌肉中大量的水分与蛋白质的极性基团结合形成水合离子而储留在蛋白质的空间结构中，这是肌肉持水力的原因，影响着肌肉的硬度与嫩度。持水性强弱与蛋白质空间结构、净电荷量等密切相关。当蛋白质呈网状疏松结构时，可以包容更多的水分。净电荷量有两方面影响：一方面，净电荷的存在吸引水分子向其聚集；另一方面，它使蛋白质分子间产生静电斥力，较高的净电荷产生较大的排斥力，导致蛋白质结构松弛，提高持水力。解僵中，

Ca^{2+}从肌质网中脱出，Ca^{2+}、Na^+被释放到肌浆中，据研究，肌浆 Ca^{2+} 浓度可增加至宰杀时的 100 倍，表明金属离子引起净电荷的显著变化对持水力上升具有重要作用。蛋白质分子降解也可造成持水力的上升，原有的蛋白质变成小分子，氨基酸使渗透压升高，增强持水力。

持水力是肉质评定的重点，其测定方法有压力法、离心法、毛细管法、滴水法、水浴法及核磁共振法等。

3. 生物指标

生物指标主要包括寄生虫和微生物指标。

肉与肉制品可能带有寄生虫，如旋毛虫、囊尾蚴、弓形虫、棘球蚴等，可使人体发生感染。应加强屠宰检疫，防止带有寄生虫病的畜禽肉流入市场，对人类健康造成危害。

微生物指标，包括菌落总数、大肠菌群和致病菌。

（1）菌落总数。菌落总数是对样品进行相关处理后，于既定条件下培养，每 g（mL）检样中所含有的微生物菌落总数。肉与肉制品中微生物菌落总数的测定用来判断肉与肉制品被污染程度及卫生质量，也可以判断细菌或真菌在肉与肉制品中繁殖的动态。一般是称取肉与肉制品 25g，置于盛有无菌 225mL 磷酸盐缓冲液或者生理盐水的无菌均质杯内，均质和系列稀释后检测，检测方法采用倾注平板法。

（2）大肠菌群。大肠菌群是指在一定培养条件下能发酵乳糖、产酸产气的需氧和兼性厌氧革兰氏阴性无芽胞杆菌，是判定肉与肉制品被粪便污染程度的标志，可间接推断肉与肉制品是否有污染肠道致病菌的可能，是评价食品卫生质量的重要指标之一。采用相当于每克或每毫升食品中大肠菌群的最近似数来表示，简称大肠菌群最近似数（maximum probable number，MPN）。检测方法可采用 MPN 法和大肠菌群平板计数法。

（3）致病菌。肉与肉制品中的致病菌系指肠道致病菌和致病性球菌，包括沙门氏菌、志贺氏菌、致病性大肠埃希氏菌、副溶血性弧菌、小肠结肠炎耶尔森菌、空肠弯曲菌、金黄色葡萄球菌、溶血性链球菌、肉毒梭菌、产气荚膜梭菌和蜡样芽胞杆菌等。中华人民共和国国家标准 GB 29921-2013《食品安全国家标准　食品中致病菌限量》中规定了肉制品（熟肉制品、即食生肉制品）中沙门氏菌、单核细胞增生李斯特菌、金黄色葡萄球菌、大肠埃希氏菌 O157∶H7 的限量标准。[①]

肉与肉制品中致病菌检测的方法有很多种，除了常规的分离和生化反应鉴定外，目前的检测方法主要是分子生物学方法，包括聚合酶链反应（polymerase chain reaction，PCR）、实时荧光定量 PCR、环介导等温扩增（Loop-mediated isothermal amplification，LAMP）、PCR 变性高效液相色谱（PCR denaturation high-performance liquid chromatography，PCR-DHPLC）、多重 PCR 变性高效液相色谱（multiple PCR denaturation high-performance liquid chromatography，PCR-DHPLC）、基因芯片法、基质辅助激光解吸离子化—飞行时间质谱（matrix-assisted laser desorption/ionization time-of-flight mass spectrometry，MALDI-TOF-MS）等。

4. 理化指标

化学性污染是指进入食品中的有毒、有害化学物质引起的污染。污染物可能通过养殖、食品生产、加工、运输、贮存、销售等多个环节污染肉与肉制品，包括养殖阶段农药、兽药等滥用及违规使用带来的源头污染，加工过程中食品添加剂的超限量或非法使用带来的污染，新工艺、新方法带来的附带污染，以及食品包装引起的污染等。污染的化学物质主要包括镉、铅、汞、砷、多氯联苯、苯并芘、氟化物、有机磷、有机汞、有机砷等。中华人民共和国国家标准 GB 2762-2017《食品安全国家标准　食品中污染物限量》中规定了肉与肉制品中铅、镉、汞、砷、铬、苯并［a］芘、N-二甲基亚硝胺的限量标准。

肉与肉制品中的化学污染物监测方法有多种，现阶段常用的检测技术根据原理不同可以分为光谱检测技术、色谱检测技术和生物检测技术。

（1）光谱检测技术。这是一种基于光的发射和吸收的分析方法，其最显著的特征是检测效率较高，普遍应用于食品安全检测领域。光谱检测技术可分为荧光分析技术、近红外光谱技术、等离子发射光谱技术。

（2）色谱检测技术。这是当前食品检测过程中使用较为广泛的分析技术，主要可以分为两类：气相色谱技术和高效液相色谱技术。主要方法包括气相色谱—质谱法、液相色谱—质谱法等。

① 曲章义：《卫生微生物学》（第6版），人民卫生出版社 2017 年版，第 255~256 页。

（3）生物检测技术。随着科学技术的进步，生物检测技术在食品检测方面表现出巨大的应用潜力，尤其是在农药残留、抗生物污染等领域发挥着越来越重要的作用。由于生物检测技术具有特异性，将生物检测技术与理化方法相结合，有助于促进食品安全检测技术向更为高效灵敏、方便快捷、应用多样化等方面转变。目前，常用的生物检测技术有免疫学检测技术、聚合酶链式反应（PCR）、基因芯片技术等。[①]

二、我国居民膳食中肉与肉制品的消费特征

（一）我国肉与肉制品的产量及居民消费特征

1. 我国肉与肉制品的产量

根据国家统计局的数据，近5年，我国肉类总产量、牛羊肉和禽肉总产量及增速见表1-1、图1-1。2021年我国畜牧业生产总体呈快速发展的良好态势，2018年至2020年连续三年下降后，2021年全年猪牛羊禽肉产量8990万吨，比2020年增加1242万吨，同比增长13.81%。随着生猪扶持优惠政策的出台落实，生猪出栏数量的大幅增加，猪肉产量大幅增长。经历了连续三年下降后，2021年我国猪肉产量5296万吨，较2020年增加了1183万吨，同比增长22.34%。牛羊肉方面，随着国内疫情防控取得成效和消费逐步恢复，牛羊出栏逐步加快，我国牛肉产量逐年增加。2021年我国牛肉产量698万吨，较上年增加26万吨，同比增长3.59%。肉羊养殖由零星散养逐步发展为规模养殖，近年来我国羊肉产量保持平稳增长态势，2021年我国羊肉产量514万吨，较上年增加22万吨，同比增长4.23%。我国作为世界家禽产业大国，不但家禽养殖历史源远流长，而且产业量高，大大满足了我国民众对肉蛋家禽类产品的需求，近5年来，禽肉产量保持增长态势。2020年我国禽肉产量2361万吨，较上年增加122万吨，同比增长5.17%；2021年我国禽肉产量2380万吨，较上年增加19万吨，同比增长0.80%。

---

① 李金霞：《食品安全检测中化学检测技术的应用》，载《食品安全导刊》2021年第14期，第40~42页。

目前我国肉制品（包括香肠、火腿、培根、酱卤肉、烧烤肉、肉干、肉脯等）的消费量只占到整个肉类的17%。从我国肉制品类食品消费结构来看，国内猪肉制品所占的市场份额最大，占比超60%，牛羊肉制品和禽肉制品均占比约20%。从肉制品加工产量看，2017年我国肉制品加工量为1649万吨，2018年为1713万吨，同比增长3.74%；2019年为1580万吨，同比下降7.76%。

表1-1 2017~2021年全国各肉类总产量及增速

肉种类		2017年	2018年	2019年	2020年	2021年
肉类	总产量（万吨）	8654	8625	7759	7748	8990
	增速（%）		-0.35	-11.16	-0.14	13.81
猪肉	总产量	5452	5404	4255	4113	5296
	增速（%）		-0.89	-26.99	-3.45	22.34
牛肉	总产量（万吨）	635	644	667	672	698
	增速（%）		1.47	3.48	0.77	3.59
羊肉	总产量（万吨）	471	475	488	492	514
	增速（%）		0.84	2.55	0.97	4.23
禽肉	总产量（万吨）	1897	1994	2239	2361	2380
	增速（%）		4.86	10.94	5.17	0.80

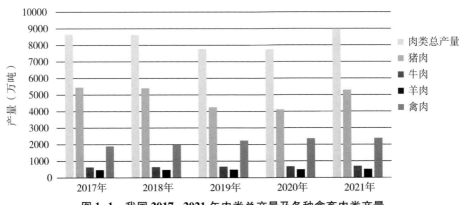

图1-1 我国2017~2021年肉类总产量及各种禽畜肉类产量

2. 我国肉与肉制品的消费特征

2020 年一项关于我国 30 个省（青海除外）肉类消费情况调查结果显示，我国居民肉类消费量从高到低依次为：猪肉—禽肉—牛肉—羊肉。其中：猪肉占全部肉类消费 30% 以上人群占比 62.5%，占全部肉类消费 50% 以上人群占比 24.7%；超过六成居民的猪肉日均消费量在 25g 以上，近三成居民日均消费量在 50g 以上。可见，猪肉仍是我国居民最主要的肉类消费品。从调查情况来看，冷鲜猪肉接受度较高，冷冻猪肉受冷遇。冷鲜猪肉的市场认可度最高，热鲜肉次之，冷冻猪肉最低。①

随着人们生活水平的不断提高和生活节奏的加快，营养价值高、食用便利、安全卫生的肉制品越来越受到人们的青睐，需求量也越来越大。目前，我国肉制品消费特征可概括为三多三少，即高温肉制品多、低温肉制品少，初级加工多、精深加工少，老产品多、新产品少。这反映了我国肉类科技与加工水平较低，不能适应肉类生产高速发展和人们消费的需要，特别是肉制品产量仅占肉类总产量的 3.6%，年人均不足 2kg，与发达国家肉制品占肉类产量的 50% 相比，差距很大。我国肉制品的消费特征如下：

（1）我国肉制品消费结构中仍以中高温肉制品为主。低温肉制品由于其特殊的加工过程，最大限度地保持了原有营养和固有的风味，品质明显优于高温肉制品。随着人们生活水平的提高及健康饮食观念的强化，低温肉制品在肉制品市场上占据主导地位。近年来，低温肉制品逐渐得到越来越多消费者的喜爱，并且发展成为肉类制品消费的一个热点。

（2）功能性肉制品备受青睐。功能性肉制品指具有一定保健功能的因子、微量元素、营养强化剂，通过适当载体添加到传统肉制品中，且在加工过程中基本不受高温、高压和 pH 值等因素的影响，采用纯天然食品品质保持剂，经食用能达到一定保健目的的肉制品。目前，肉制品中前景较好的功能性产品大致包括：低脂肉制品、低盐肉制品、含膳食纤维的肉制品以及其他一些类型的功能性肉制品。

（3）肉制品趋于餐饮化。目前新模式、新业态、新消费不断涌现，而现市场主力消费人群是"80 后"尤其是"90 后"。这类人群在中国有 4.5

---

① 卢艳平、肖海峰：《我国居民肉类消费特征及趋势判断——基于双对数线性支出模型和 LA/AIDS 模型》，载《中国农业大学学报》2020 年第 1 期，第 180~190 页。

亿之多，约占人口总数的三分之一，具有活跃和强劲的购买力。"80后""90后"在厨房劳作的时间由过去人均1个小时下降到20分钟，而且经常是加工半成品菜肴，许多人在家基本不做饭，在外就餐、叫餐已成为常态；与此同时，整个社会消费需求也呈现休闲化趋势。[①]

（二）进口肉与肉制品在我国居民肉与肉制品中消费情况

我国是世界肉类消费第一大国，在消费基础庞大、国内价格不具优势的情况下，成本更低、品质较好的国际肉类进入中国市场。2021年中国共进口肉类793万吨，比2020年减少约38万吨，同比下降4.8%；其中猪肉进口量371万吨，牛肉进口量233万吨，羊肉进口量41万吨，禽肉进口量148万吨。进口的371万吨猪肉中，西班牙进口115万吨，占进口猪肉的31.2%；巴西进口54.7万吨，占进口猪肉的14.8%；美国进口40.5万吨，占进口猪肉的10.9%；丹麦进口35.9万吨，占进口猪肉的9.7%；荷兰进口28.5万吨，占进口猪肉的7.7%。

我国近5年的畜禽肉进口情况见表1-2。由表1-2可见，猪肉进口占比在2017~2018年呈现下降趋势，2018~2020年以后逐年上升；牛肉进口占比在2017~2021年呈现逐年上升趋势；羊肉进口占比在2017~2021年呈现逐年上升趋势，2020年稍有回落；禽肉进口占比2017~2020年呈现逐年上升趋势。2017~2021年5年间，牛肉的进口占比最高，其次是羊肉、猪肉、禽肉。

表1-2　近5年我国进口畜禽肉情况　　　　　　　单位：万吨

年份	猪肉				牛肉			
	国产	进口	合计	进口占比（%）	国产	进口	合计	进口占比（%）
2017	5452	122	5574	2.19	635	70	705	9.93
2018	5404	119	5523	2.15	644	104	748	13.87
2019	4255	211	4466	4.72	667	166	833	19.93

①　李昂、李卫华、滕翔雁等：《我国居民肉类消费情况调查》，载《兽医管理》2020年第4期，第35~38页。

续表

2020	4113	439	4552	9.64	672	212	884	23.98
2021	5296	371	5667	6.55	692	233	925	25.19
合计	24520	1262	25782	4.89	3310	785	4095	19.17

年份	羊肉				禽肉			
	国产	进口	合计	进口占比（%）	国产	进口	合计	进口占比（%）
2017	471	25	496	5.07	1897	45	1942	2.32
2018	475	32	507	6.31	1994	50	2044	2.45
2019	488	39	527	7.40	2239	80	2319	3.45
2020	492	37	529	6.99	2361	143	2504	5.71
2021	514	41	555	7.39	2380	148	2528	5.85
合计	2440	174	2614	6.66	10871	466	11337	4.11

（三）近年来我国居民的肉类消费习惯及其对肉类工业的影响

1. 我国居民的肉类消费习惯

我国居民的肉类消费量已经达到较高水平，但是在人均消费量和消费结构方面存在城乡差别、地域差别。近年来，肉类也有了品牌消费，而且随着生活水平的提高和工作方式的改变，户外消费日益增加，这些都促使我国居民形成了新的肉类消费习惯，主要体现在以下几个方面。

（1）我国人均肉类消费量已经达到较高水平，城镇和农村肉类消费结构存在差异。1980年以来，我国城乡居民人均肉类消费量逐年增加，2019年中国人均肉类消费量为26.9kg，其中城镇居民人均肉类消费量为28.7kg，农村居民人均肉类消费量为24.7kg。城镇猪肉、牛羊肉、禽肉人均消费量均高于农村。但是，城镇和农村肉类消费结构存在差异，虽然城镇和农村都以猪肉和禽肉消费为主，但农村猪肉消费所占比重高于城镇；城镇禽肉消费比重高于农村；牛羊肉消费所占比例都较小，但城镇牛羊肉消费所占比重高于农村，城镇消费肉类品种较农村多样化。

（2）肉类消费以猪肉为主。猪肉相对于牛羊肉价格低，牛羊肉主要是满足牧民和伊斯兰民族需求，人均占有量小。鸡肉的价格虽然比猪肉低，但是国内的几个鸡肉主产省主要是为了出口，满足国际市场对鸡腿肉和鸡胸肉的需求，目前，鸡肉主产区的消费者也逐渐养成了消费鸡肉的习惯。从长远看，鸡肉将成为人们肉类消费快速增长的主要肉食。

（3）节日集中消费。我国居民肉类消费存在着逢年过节集中消费的特点。最突出的问题有三个：节日集中消费量大，平时的均衡消费做得很不够；动物脂肪消费不科学，有些肉类加工企业为了降低成本，想方设法往肉制品中加入尽可能多的油脂，节省瘦肉，某种程度上对消费者，尤其是对肉制品消费相对较多的人们造成了身体上的伤害；猪杂、动物内脏的大量消费也不尽合理。

（4）肉类的品牌消费。高收入人群对肉类的消费由量的满足转向质的提高。健康动物生产的有机食品和高质量的冷却肉，形成了肉类品牌，随着经济的增长，品牌肉类的发展将会引导未来中国猪肉的消费市场。

（5）城镇居民户外肉类消费将继续增加。随着生活方式的改变，冷冻肉、半成品、熟制品、干制品等肉制品的消费显著增加。研究显示，城市家庭人均在外肉类消费在肉类总消费中占比近30%。城镇居民食物在外就餐决策中，社交因素如宴请、聚会占据主要地位，比例高达56%，而客观条件的制约如上班、上学等因素也是造成城镇居民在外就餐的重要原因。在外就餐的食物消费结构与在家就餐往往存在不同，在外就餐的肉类消费量更高。因此，随着经济的增长和人们收入的提高，我国户外肉类消费还有着巨大的发展空间。

（6）鲜食、馅食比重大，区域特色强。肉类消费本质上是追求营养，但美食享受和区域性的消费口味有很深的文化基础，尤其是肉类消费上升到了文化的层次。我国居民肉制品消费比例小，肉类的鲜食是传统。北方人喜食饺子、包子、馅饼，而且面皮包肉馅的消费比例较大，这种消费方式的优越性是荤素搭配、既营养又健康。我国居民的肉类鲜食还体现在北京的炸酱面、山西的刀削面、陕西的臊子面、四川的担担面上，多需要新鲜的肉糜或肉丁。兰州拉面、肥牛火锅也消费的是鲜牛肉，西南的羊肉汤、陕西的羊肉泡馍、西北的手把羊肉、北京涮羊肉都需要原料羊肉。上述种种消费方式的首选都是鲜肉。进入21世纪以来，中国城市冷鲜肉的消费增长相当迅速。

（7）我国居民和外国人肉类消费习惯的相互影响和互动。我国居民的肉类消费习惯与世界有互动作用，尤其是世界各国的消费习惯对我国居民的影响很容易观察到：一是年年都有大批的留学生学成归来，带着在国外养成的肉类消费习惯，即使短期出国培训或考察也会有某些细微的变化。二是像北京、上海这样的大城市和广东省都有几十万外国人长住，他们在学会吃中餐的同时，也把各国的肉类消费习惯带到中国，尤其是外国人集中居住的区域，西餐馆、烤肉店林立，就餐者多数是国际友人，也有不少来尝鲜的中国人。尤其是中国各地引进了大量设备，兴建了许多西式肉类加工厂，表明中国人的中式和西式肉制品消费都在快速增长。有些省份办起了中式肉类加工厂，随后又建成大型现代化的西式猪肉加工厂，肉类工业的发展标志着先富起来的几亿中国人，在肉类工业的带动下，增加了肉制品的消费。①

综上所述，随着中国经济的快速发展，人们的生活方式正在发生改变，人们的肉类消费习惯也在变化，这将对肉类工业的发展产生巨大影响。

2. 肉类消费习惯对肉类工业的影响

（1）发展先进的技术和设备，改造传统的肉类工业。据统计，中国先后引进了1000多台灌肠机、200多条畜禽屠宰线。引进高低温肉制品生产设备，包括斩拌机、自动灌装机、盐水注射机、乳化机等近万台，同时，在肉类生产中，引入世界肉类前沿的腌制技术、乳化技术、冷分割技术等。一些大中型肉类加工企业设备一条龙配套，技术与国际接轨，极大提高了肉类加工的工业化水平。在肉类产品加工方面，大力发展各类小包装肉、分割肉、冷却肉的生产与供应；在熟肉制品加工方面，中式传统肉制品不断改进生产工艺，保持传统风味特点，将传统技术与现代工艺结合起来，实现现代化生产。西式肉制品、低温肉制品、配餐肉制品、速冻方便食品，发展势头强劲，生产经营规模不断扩大。

（2）建立先进的管理体系，实现管理与国际接轨。肉制品生产企业引进先进的管理和质量控制手段，逐步缩小与国际先进管理体系的差距。为确

① 潘耀国：《中国肉类消费全景图和大趋势》，载《西北农林科技大学学报》（社会科学版）2011年第1期，第1~6页。

保肉制品的质量和安全，肉类行业广泛运用国际先进的 ISO9001、ISO14001、HACCP 等管理体系，并实施认证。用 ISO9001 规范质量管理；用 HACCP 建立危害分析制度，控制食品安全；用 ISO14001 实现清洁生产和环保治理。大型肉类企业还把信息化引入生猪屠宰和肉制品加工业，利用信息化进行流程再造，整合资金流、物流、信息流，实现订单采购、订单生产、订单销售，使肉类管理水平与世界同步。

（3）实施产品创新，引导消费。我国传统的猪肉是热鲜肉和冷冻肉，传统的肉制品大多是区域性地方风味。肉类企业不断进行产品创新：一是实现热鲜肉、冷冻肉向冷鲜肉转变，白条肉向调理产品转变。二是实施西式产品引进，大力开发高、低温肉制品；同时把现代保鲜技术应用到肉类工业，把保鲜膜应用到冷鲜肉，把拉伸膜应用到低温肉制品，把具有阻氧、阻湿、耐高温的聚偏二氯乙烯（PVDC）包装材料应用到高温肉制品，新型包装材料延长了货架期，保证了肉品的质量和安全，实现了肉品的全国大流通和规模化大生产，目前中国市场上高低温、中式肉类产品品种齐全，满足了广大消费者的需求。

（4）实施品牌化生产经营，提高肉与肉制品质量。中国肉类品牌经历了市场的风雨洗涤，优胜劣汰，涌现了一批知名的企业，造就了品牌产品，行业集中度不断提高，多个"中国驰名商标""国家质量免检"产品成为消费者的首选。[①]

进入新世纪，我国肉类行业面临着新的发展机遇和挑战，实现肉类行业现代化的任务十分繁重。在生产工艺、技术装备、产品结构、生产规模、产品质量等方面，都将发生新的变化，行业管理将更加完善，肉类市场日益丰富，流通秩序日趋规范，我国肉类行业必将有一个新的发展。

三、大型活动中肉与肉制品的消费特征

肉与肉制品营养丰富、风味独特，是大型活动中的重要食品之一。但是，肉与肉制品在大型活动中属于中度风险的食品类别，其风险源主要包

---

① 孔保华、刘骞、陈洪生等编著：《肉制品品质及质量控制》，科学出版社 2015 年版，第 1~3 页。

括物理性、化学性和生物性危害因素三大类。因此，大型活动中肉与肉制品可能带来的风险不容小觑，结合肉与肉制品在大型活动中的广泛用量和超高频次，需要保证其绝对安全。一般来说，大型活动中肉与肉制品的消费具有以下特点。

（一）需求量大，食品供货渠道多

大型活动时间集中，参与人数众多，对肉与肉制品的需求量较大，原材料来源的渠道多，既有本地的，也有外埠或进口的。发生食物中毒的潜在危险因素会比较多，甚至有可能带来运动员最为害怕的兴奋剂威胁，这就要求大型活动的肉与肉制品在满足供应量需求的前提下，要确保食品安全。

（二）食品风险多源

由于大型活动参与人数众多，存在多源性危险源，因而食品供应的任何环节都伴随着风险。大型活动食品安全一旦出现纰漏，危害人数众多，往往会导致大型活动无法正常进行，严重的甚至会引发地域或国际冲突。同时，大型活动周期往往较长，在食品供应上易出现食品变质、腐败等问题，由此也会导致食品安全风险。另外，牛、羊、猪、鸡、鸭等畜禽肉中可能存在食源性兴奋剂，由于食物种类繁多，而且从农田到餐桌供应链长，食源性兴奋剂的防范难度较大，运动员因食物导致的兴奋剂阳性案例在体育赛事中屡见不鲜。

因此，大型活动中，在食品安全管理上要求供应、生产、流通、销售、消费、监管等环节无缝衔接、全链条闭环式管理，确保食品安全事故、食源性兴奋剂事件零发生。

（三）肉类种类多样

大型活动参与者身份构成多样，其中往往有国际人员，因而需要考虑各个国家的饮食习惯、宗教信仰、季节时令、风味偏好等，导致肉与肉制品的需求存在多样性。例如，重大体育赛事中，大量的运动员和观众来自不同国家和民族，饮食习惯各不相同，对肉与肉制品的各种要求自然也是多种多样。既要有新鲜肉类，又要有罐头、香肠等，比赛期间运动员对营养的需求也不尽相同，体能主导类项目对高能量食品要求较多，而技能主导类项目则需要高蛋白以及高维生素类食品。另外，各宗教信仰饮食禁忌不同。因此，不同国家、不同竞技项目的运动员对食品种类需求的差异性是非常大的，要求肉与肉制品必须种类繁多，而且能满足不同地域的风味需求。

随着我国综合国力的提升，主办和参与的国际、国内的大型活动不断增多，肉与肉制品作为大型活动的重要食品之一，提升其安全水平、保障与会者的健康，对确保大型活动的成功举办具有非常重要的作用。

第二章　影响肉与肉制品质量和安全的主要风险因素分析

一、影响肉与肉制品质量和安全的物理性危害因素

肉与肉制品中的物理性危害因素主要是指在食品中未被发现且可引起消费者疾病或损伤的外来物质或物体等。主要包括以下五个方面：

一是外源性杂质，如毛发、碎屑、玻璃、石块、病虫害尸体等，在肉与肉制品的生产、加工、运输与销售过程中导致的物理性污染。

二是有意掺杂掺假产生的异物，如注水肉中由水的外源性注入引起的污染。

三是指生产、运输和贮存过程中温度升高等因素对肉与肉制品质量的影响。

四是真空、充氮、二氧化碳等气调包装过程对肉与肉制品质量的影响。

五是多层共挤、铝箔包装等包装材质对肉与肉制品质量的影响。

二、影响肉与肉制品质量和安全的化学性危害因素

（一）金属元素

金属元素危害主要指铅、砷、镉等元素超标带来的危害。其中铅和镉的累积会损害畜禽的免疫功能，造成禽畜的免疫能力下降；砷的超标则会破坏畜禽的神经系统，且砷具有半衰期长、难以被代谢的缺点。由于金属元素可在动物体内富集，人类食用后会在体内残留，从而严重危害人体

健康。

目前，已知的金属元素危害主要来源于三个方面：一是动物饲料原料中铅、铬等重金属元素，主要由动物的水源和/或饲料原料产地的土壤被重金属元素污染所致。[①] 二是肉与肉制品的包装容器中有害金属元素的渗出。三是动物患病治疗过程中因药物使用不当造成的重金属元素超标。

（二）多环芳烃类化合物和杂环胺类化合物

烟熏、油炸、腌制、焙烤等传统加工方式，因能增加肉与肉制品的色香味并可延长其货架期而深受我国消费者喜爱，如以腌制方式为主的金华火腿、以烘焙方式为主的北京烤鸭。[②] 但在烟熏、烘烤等加工过程中常会出现脂肪组织因燃烧不充分，而产生大量的多环芳烃类化合物（polycyclic aromatic hydrocarbons，PAHs）的现象，该类化合物被人体吸收后有诱发肺癌、直肠癌、膀胱癌等的风险，即使长期低剂量的暴露，也会对人体造成慢性毒性作用。此外，高温烹调会造成肉与肉制品中的肌酸或肌酐、氨基酸和糖类在高温下形成大量的杂环胺类（heterocyclic amines，HCAs）物质，相较于其他已知致癌物，杂环胺的致突变能力是一般多环芳烃和亚硝胺的10倍到100倍，是黄曲霉毒素 B_1 的100多倍，是苯并芘的2000倍以上。且动物实验研究表明，杂环胺类化合物具有致癌、致突变性。因此，有必要加强肉与肉制品中多环芳烃类和杂环胺类化合物污染的监测与控制。

（三）真菌毒素

真菌毒素是由某些真菌在特定条件下产生的对人体或动物健康具有毒性作用的有毒次级代谢产物。其主要来源包括以下两个方面：一是来源于被真菌及其毒素污染的饲料及原料。动物摄入被真菌及其毒素污染的饲料后会导致毒素在动物体内蓄积、残留，从而影响肉与肉制品的质量与安全。[③] 二

---

① 屈健、周秋香、张建波：《畜产品的安全与卫生问题及其对策》，载《饲料工业》2003年第4期，第4~6页。彭刚、胡云、杨建才：《浅谈饲料中重金属超标》，载《畜禽业》2019年第1期，第17~18页。

② 夏丹乔、胡柯、张慧、李阳、李小婷：《肉和肉制品致癌风险的研究进展》，载《教育教学论坛》2018年第12期，第114~116页。

③ 周光宏、赵改名、彭增起：《我国传统腌腊肉制品存在的问题及对策》，载《肉类研究》2003年第1期，第3~7页。

是我国肉与肉制品的加工大多靠纯手工或是天然发酵，上述过程均易受到微生物或真菌及其毒素的污染。因此，建议采用现代科学技术对传统肉与肉制品的加工工艺进行改善和提高，并加强对真菌及其毒素的检测，让老百姓吃得放心。

（四）兽药残留与禁用兽药

由于多数畜禽养殖的农户缺乏动物疾病治疗的专业知识，受经济利益的驱动，导致养殖过程中因农户对兽药的违法使用而造成的兽药残留仍是影响我国肉与肉制品安全的主要因素。[①] 兽药残留主要是指因抗生素的滥用导致细菌耐药性形成后而产生的对禽畜和人体健康的不良效应。目前，我国肉与肉制品中超标的抗生素主要有四环素、土霉素、金霉素等。为了防止抗生素的滥用，我国也制定了相应的法律法规对其含量进行控制，[②] 详见表2-1。

表2-1　我国肉与肉制品中常见抗生素的限量指标

抗生素种类	指标（mg/kg）	
	GB/T 9959.2-2008	NY 5029-2015
金霉素	≤0.10	≤0.10
土霉素	≤0.10	≤0.10
四环素	≤0.10	≤0.10
氯霉素	不得检出	不得检出（<0.1μg/kg）
磺胺类（以磺胺类总量计）	≤0.10	—

禁用兽药主要是指盐酸克伦特罗，俗称瘦肉精。它是β兴奋剂中的一种，具有脂溶性强、毒性大的特点，成人摄入20μg的盐酸克伦特罗就会产生反应，因此被列为违禁药物。[③] 盐酸克伦特罗可以改善肉的品质、提高肉

---

① 彭珍：《肉品污染及其控制措施》，载《肉类研究》2010年第11期，第37~40页。
② 中华人民共和国国家标准：《分割鲜、冻猪瘦肉》（GB/T 9959.2-2008），中国标准出版社2008年版；中华人民共和国农业行业标准：《绿色食品　禽畜肉制品》（NY/T 843-2015），中国标准出版社2015年版。
③ 温松灵：《影响猪肉安全的饲料因素分析》，载《畜牧与兽医》2008年第3期，第56~57页。

中蛋白质的含量，使肉与肉制品更紧实、瘦肉率更高，但盐酸克伦特罗可以抑制人体内的糖代谢，出现乏力、心慌等症状，并对心脏产生强烈的刺激作用。一些不法商家为了迎合大众市场，对其进行非法添加，一旦消费者食用后即可危害其健康。其他非法添加的激素还包括猪生长激素（PST），因可以增加猪的质量，并提高瘦肉率，常常被高水平添加，但该类激素在人体内不能被彻底分解，其安全性问题也一直引发科学界的热议。

此外，该类兽药残留在奥运会、世锦赛等大型赛事活动中也备受关注，一旦运动员误食引起体内的违禁兽药残留阳性，将会造成其不能参加该项比赛或已获取成绩被取消的严重后果。例如，早在 2011 年，游泳运动员宁泽涛就因被查出服用了瘦肉精，遭到国际泳联禁赛一年的处罚，宁泽涛"贪吃"导致这一不良后果。此外，中国举重运动员廖辉就因体内类固醇药物阳性，而被国际举联撤销其在 2010 年创造的世界纪录。中国反兴奋剂中心于 2016 年在其官网公布了多名中国运动员被查出体内含盐酸克伦特罗，即"瘦肉精"等违禁药物阳性的结果。

（五）农药残留

在肉与肉制品的饲养、屠宰和加工过程中，农药残留主要来源于两个方面：一是农作物种植期间，为了防止病虫害喷洒的多种农药而产生的农药残留；二是农作物种植期间喷洒的农药在周围的土壤和水体等环境中富集而产生的农药残留。①

肉与肉制品的农药残留主要为有机磷农药（organophosphorus pesticides，OPPs）、有机氯农药（organochlorine pesticides，OCPs）和拟除虫菊酯类（pyrethroids，PYRs）等。其中有机磷农药为含 C-P、C-O-P、C-S-P 等基团的一类化合物，具有高效、广谱、经济、易降解等特点，成为继有机氯农药之后农业领域使用最多的农药之一。② 但有机磷农药可以抑制乙酰胆碱酯酶的活性，易对人体或动物健康造成急性毒性，并具有肝、肾、心、肺、

---

① 祝红蕾：《肉和肉制品中农药残留的危害及控制措施》，载《食品安全导刊》2016 年第 24 期，第 39 页。

② 杨立新、苗虹、曾凡刚、赵云峰、吴永宁：《动物源性食品中有机磷农药残留检测技术研究进展》，载《中国食品卫生杂志》2010 年第 3 期，第 284~288 页。

生殖及血液毒性。因此，大多数有机磷农药为剧毒型和高毒型农药，一旦残留将产生累积效应，对人体健康产生的毒性效应也不容忽视。我国也制定了多项检测肉与肉制品中有机磷农药含量的方法标准，如动物性食品中有机磷农药多组分残留量的测定（GB/T 5009.161-2003）、进出口动物源食品中有机磷农药残留量检测方法气相色谱—质谱法（SN/T 0123-2010）、动物源性食品中 9 种有机磷农药残留量的测定气相色谱法（GB 23200.91-2016）。

有机氯农药（OCPs）是指一类氯代芳香烃类衍生物，也是发现和应用最早的一类农药，[①] 具有化学结构稳定、难氧化、难分解、毒性大等特点，具体包括：（1）化学性质稳定、不易分解、残留时间长，属于持久性有机污染物；（2）水中溶解度小，易溶于有机溶剂，尤其易溶于脂肪组织中；（3）高效、高毒、高残留，极易在环境中积累。20 世纪 40~70 年代，有机氯农药在全世界的防虫治林等方面发挥了巨大作用，随后因高毒性和难分解等缺点陆续被限用或禁用。其中"滴滴涕"和"六六六"是有机氯农药的最重要代表，两者都因具有脂溶性强和难分解的特点而被禁用。已有研究证实，有机氯农药在禁用二三十年后仍可在水体、沉积物、土壤中检出且其污染范围极其广泛，包括从北极的海生哺乳动物到南极的鸟类，以及人们所食用的牛奶、鱼类、牛肉等。此外，在我国也出现过多起火腿肠等肉制品加工过程中因违规添加有机磷农药而导致的食物中毒事件。

拟除虫菊酯类（PYRs）是指酸与醇通过酯键形成的高效低毒型仿生杀虫剂。[②] 根据其化学结构可分为 I 型和 II 型，前者主要为天然除虫菊酯、无苯氧基苄醇的 PYRs 或无氰基-3-苯氧基苯甲醇的 PYRs，后者主要为含 α-氰基-3-苯氧基苄醇，有 1~3 个不对称和 2~8 个立体异构体。PYRs 具有疏水性、吸附性强的特点，易直接或间接进入自然环境，对水域和陆地生态系统造成破坏，并能通过食物链进入生物体，从而对动物和人体健康构成威胁。另有研究证实，母亲体内 PYRs 的暴露水平与婴儿体内 PYRs 的暴露水

---

　　① 张祖麟：《河口流域有机氯农药污染物的环境行为及其风险影响评价》，厦门大学 2001 年博士学位论文。

　　② 陈媛、赖鲸慧、张梦梅、赵恬叶、王松、李建龙、刘书亮：《拟除虫菊酯类农药在农产品中的污染现状及减除技术研究进展》，载《食品科学》2022 年第 9 期。

平呈正相关，表明 PYRs 可以通过母婴传递，影响婴儿的生长发育与健康。[①]

因此，为了减少有机氯农药和拟除虫菊酯农药的含量，保证肉与肉制品的安全，我国已制定和发布了多项标准与公告来检测和限定肉与肉制品中有机氯农药和拟除虫菊酯农药的含量，如《动物性食品中有机氯农药和拟除虫菊酯农药多组分残留量的测定》（GB/T 5009.162-2008）、《食品安全国家标准水产品中多种有机氯农药残留量的检测方法》（GB 23200.88-2016）和中华人民共和国农业部第 1586 号公告。

（六）工业"三废"污染

工业"三废"主要是指废水、废气、废渣。随着经济的不断发展，废水、废气、废渣也大量产生并排放入环境，导致土壤、水源和空气受到了污染，直接或间接对畜禽产生影响，导致畜禽体内有害物质超标，从而影响人体健康。[②]

（七）食品添加剂

食品添加剂主要是指为了改善食品的品质和色、香、味，以及为防腐、保鲜和加工工艺的需要而加入食品中的人工合成物质或天然物质，包括酸度调节剂、抗结剂、胶基糖果中基础剂物质、食品工业用加工助剂等。[③] 食品添加剂使用的主要目的是改善食品品质，增强食品的防腐能力。按照食品添加剂的功能可将其分为三类：（1）防腐及抗氧化剂，主要是有效防止食品腐败变质的防腐剂与抗氧化剂；（2）改善食品品质添加剂，主要包括增味剂、甜味剂、漂白剂、色素与香料等；（3）提升食品营养价值的营养强化剂，主要为矿物质、维生素和氨基酸等。在肉与肉制品加工与生产中应用最为广泛的为防腐剂、水分保持剂和增香剂。一般来说，严格按照《食品安全国家标准　食品添加剂使用标准》（GB 2760-2014）及相关公告规定的添加剂的种类、范围和限量进行添加，是完全合法的，也不会对人

① 蹇秀桂、李丽菲、李玉萍、陈舒旗、徐灵灵、陈颖、李燕：《母亲拟除虫菊酯类农药暴露对其婴儿的影响》，载《中国妇幼健康研究》2021 年第 4 期，第 499~503 页。
② 彭珍：《肉品污染及其控制措施》，载《肉类研究》2010 年第 11 期，第 37~40 页。
③ 参见《食品安全国家标准　食品添加剂使用标准》（GB 2760-2014），中国标准出版社 2014 年版。

体健康造成危害。① 但一些不法肉类生产与加工企业为追求暴利，非法使用食品添加剂，甚至使用非食品添加剂，导致一系列食品安全事件频发，引发了公众的消费恐慌。

2011 年安徽工商部门查获的"牛肉膏事件"，其根源是在肉类制品的加工过程中非法使用了多种复合添加剂。用"牛肉膏"制造的假牛肉属于"以掺杂、掺假、伪造为目的而使用食品添加剂"的违法行为。此外，鉴于我国目前肉与肉制品生产加工企业仍以中小型企业为主，相关从业人员的素质普遍较低，对食品添加剂的安全性缺乏足够的认识，误认为食品添加剂可以用于任何食品中或单纯听信食品添加剂销售者的讲述，向产品中随意添加，极易引发食品安全事件。比如，市售的"泡凤爪"常出现因违规或超量添加苯甲酸、山梨酸、山梨酸钾等而导致产品不合格的情况；将人工合成色素胭脂红、日落黄和柠檬黄等超量用于肉干、肉脯制品等而引起的着色剂超标问题；违规超量添加着色剂硝酸盐和亚硝酸盐延长肉类食品的货架期而产生的食品安全事件。因此，肉与肉制品的生产加工过程中添加剂的使用应遵循以下几个原则：

（1）不应对人体健康产生任何危害；

（2）不应掩盖食品腐败变质；

（3）不应掩盖食品本身或加工过程中的质量缺陷或以掺杂、掺假、伪造为目的而使用。②

三、影响肉与肉制品质量和安全的生物性危害因素

（一）微生物污染

在肉与肉制品的产品质量检测中，通常的检测指标为感官指标、理化指标和微生物指标，其中微生物指标是最能反映食品卫生和安全状况的指

① 张涛华、颜伟：《肉制品中食品添加剂使用安全浅谈》，载《食品安全导刊》2011 年第 9 期，第 56~57 页。
② 张勇：《关注食品质量保障肉制品添加剂安全》，载《食品安全导刊》2011 年第 6 期，第 62~63 页。

标。与发达国家相比，我国畜禽类和水产类等的屠宰、加工与销售等方面的法律与法规，仍具有法律不健全、技术法规不成体系、标准水平低的不足。小型屠宰场与加工厂遍布全国，在中、小城市和县城屠宰场与加工厂中，除少数机械化自动化程度较高，绝大多数还处于半机械化阶段，有的屠宰场还采用传统手工操作，不利于食品安全卫生法律、法规和标准的全面贯彻实施和畜禽屠宰技术进步，难以保证肉与肉制品的安全与卫生。①2006～2017 年浙江省食源性疾病暴发，报告显示，细菌引起的食源性疾病的事件数和病例数分别占原因查明总数的 70.85% 和 82.79%，其中肉与肉制品引发的事件数约占事件总数的 12.03%。

　　肉与肉制品营养丰富，含有微生物生长所需的糖、蛋白质和水分等，当屠宰、生产加工条件控制不当时，极易被微生物污染。虽然我国对生猪实施定点屠宰，但私屠滥宰现象屡禁不止，同时，一些屠宰场的卫生条件恶劣，难以达到安全屠宰的要求。此外，由于部分从业人员缺乏相应的食品卫生知识，极易在屠宰过程中造成微生物污染，产生水猪肉、黑干肉等。鉴于我国物流行业与国外发达国家相比仍有一定差距，尤其是偏远地区，难以在运输过程中保证全程冷链的要求，导致运输时间过长或温度过高而引起肉与肉制品的腐败变质；或者运输过程中因从业人员自身素质如分割用具的不清洁等引起的二次污染，使得病原微生物大量繁殖，导致肉类腐败，危害人体健康。因此，为了了解并降低肉与肉制品生产加工过程中的微生物污染，《国家食品污染物和有害因素风险监测工作手册》中分别规定了环境样品和肉与肉制品的微生物监测指标：环境样品进行肠杆菌科、沙门氏菌、单核细胞增生李斯特菌、金黄色葡萄球菌的监测，肉与肉制品进行菌落总数、大肠菌群、单核细胞增生李斯特菌、沙门氏菌和金黄色葡萄球菌的监测。②我国食品安全国家标准《食品中致病菌限量》（GB 29921-2013）也规定了熟肉制品和即食生肉制品中不得检出沙门氏菌、单核细胞增生李斯特菌和大肠埃希氏菌 O157∶H7，并规定了金黄色葡萄球菌的最大允许限量。对 128 份采自山西省超市和农贸市场的低温肉制品中嗜冷微生

---

① 姚艳玲：《中国的肉品安全》，载《肉类研究》2010 年第 8 期，第 56～59 页。
② 李怀林：《我国肉品安全现状、原因分析及应对措施》，载《中国禽业导刊》2009 年第 3 期，第 22～23 页。

物的调查发现，微生物的检出率为 33.6%（43/128），9 个样品中嗜冷微生物的含量超过 $10×10^4$ cfu/g。以下主要介绍几个与我国肉与肉制品的质量与安全密切相关的重要微生物指标[①]：

1. 菌落总数

菌落总数是衡量食品卫生质量的重要指标之一，可以反映食品被细菌污染的程度及其卫生质量。考虑到食品基质的复杂性，微生物在食品加工、分离与培养过程的受损程度不一、恢复能力不同、所需营养要素各异等，要想在同等条件下把所有的细菌都培养出来，实属不易。因此，我国也陆续制定了一系列相关标准来控制和监测食品中菌落总数的含量。目前现行有效的检测依据主要为《食品安全国家标准　食品微生物学检验　菌落总数测定》（GB 4789.2-2022）、《进出口食品中菌落总数计数方法》（SN/T 0168-2015）、《出口饮料中菌落总数、大肠菌群、粪大肠菌群、大肠杆菌计数方法　疏水栅格滤膜法》（SN/T 1607-2017）和《商品化试剂盒检测方法菌落总数　方法一》（SN/T 4544.1-2016）。

2. 大肠菌群

大肠菌群是一群革兰氏阴性、杆状、无芽孢、兼性厌氧以及能发酵乳糖产酸产气的肠道细菌的总称。大肠菌群并不是分类学意义上的命名，也并不代表某一种或某一属的细菌，而是卫生细菌领域用语，特指具有某些特性的一组和粪便污染有关的细菌。该类群的细胞主要包括埃希氏菌属、柠檬酸杆菌属、肠杆菌属（又称产气肠杆菌属，包括阴沟肠杆菌和产气肠杆菌）、克雷伯氏菌属的一部分和沙门氏菌属的第 III 亚属（能发酵乳糖）的细菌。虽然该类群的细菌在生化与血清学方面的特征并非完全一致，但都来自粪便，且与肠道病原菌的生存能力接近，故可作为食品、饮料等粪便污染的间接指标。大肠菌群的数量高低，表明了粪便被该群细菌污染的程度，也间接反映了该群细菌对人体健康的危害性大小，因此以大肠菌群作为粪便污染的食品卫生指标来评价食品质量具有广泛意义。

3. 食源性致病菌

肉与肉制品中能引发疾病的食源性致病菌主要包括单核增生李斯特菌、

---

① 要三会：《低温肉制品嗜冷微生物污染状况调查》，载《大家健康：现代医学研究》2015 年第 19 期，第 22~23 页。

金黄色葡萄球菌、沙门氏菌、弯曲菌和肠出血性大肠杆菌等。上述致病菌具有分布范围广、感染潜力大、致病性强等特点，极易引起肉类的腐败变质。国内外由金黄色葡萄球菌、沙门氏菌等引发的食物中毒事件屡屡发生，并造成巨大的经济损失。下面重点介绍三类食源性致病菌及其特点。

（1）单核增生李斯特菌。单核细胞增生李斯特菌是革兰氏阳性、兼性厌氧菌，可引起人畜共患病，感染者的致死率为25%~30%。该菌的营养要求不高，可在较广pH值范围和高盐浓度下存活。人体感染后可引起食物中毒，导致免疫力低下，人群出现胃肠炎、脑膜炎、败血症等疾病，还能引起孕妇的流产、死胎，严重威胁人们的身体健康甚至是生命安全。[1]

已有调查显示，水产品、乳与乳制品、肉制品均可被该菌污染，占人类病例的85%~90%。Pesavento等发现意大利禽肉制品、牛肉制品和猪肉制品中单核增生李斯特菌的阳性率分别为24.5%、24.4%和21.4%。2015年欧盟各国的调查发现，即食鱼制品和即食肉制品中该菌的阳性率分别为3.5%和4.0%。由于该菌的适应能力强，可抵抗低温、高渗等特殊环境，甚至会在物体表层形成生物膜，因此除了在肉与肉制品中检出外，还可从土壤、水、粪便等检出。所以对肉与肉制品的污染监测、分析应做到全面性和系统性。

（2）金黄色葡萄球菌。金黄色葡萄球菌是一种常见的人兽共患病原菌，可感染人和动物，是导致食物中毒的重要食源性致病菌，也可通过动物及动物性食品传递给人。[2]金黄色葡萄球菌是人类化脓性感染中最常见的病原菌，可引起局部化脓、肺炎、伪膜性肠炎和心包炎，甚至败血症、脓毒症等全身性感染。[3]据美国疾病控制与预防中心报告，由该菌引起的人类感染仅次于大肠埃希氏菌，居于第二位，占细菌性食物中毒事件的33%左右。据统计，我国的食物中毒事件中由金黄色葡萄球菌引起的食物中毒事件约占细菌性食物中毒事件的25%。

① 范霞：《食品中单核细胞增生李斯特氏菌检测结果的分析》，载《食品安全导刊》2020年第3期，第117~118页。
② 刘保光、谢苗、董颖、郑关民、梅雪、贺丹丹、胡功政、许二平：《金黄色葡萄球菌研究现状》，载《动物医学进展》2021年第4期，第128~130页。
③ 许振伟、韩奕奕、孟瑾、郑小平、邹明辉：《熟食肉制品中金黄色葡萄球菌风险评估基础研究》，载《包装与食品机械》2012年第5期，第40~43页。

由金黄色葡萄球菌引起食物中毒的食品种类很多，主要为动物性食品和乳与乳制品。因其具有较强的耐盐性，冷冻条件下仍可以生长，因此冷冻肉类食品中金黄色葡萄球菌引发中毒的频率较高。葡萄球菌肠毒素是金黄色葡萄球菌引起食源性疾病的主要致病因子。

原料肉、加工过程、储藏过程和销售过程均可以引起金黄色葡萄球菌的污染。例如，肉制品加工前原料本身带菌、生产加工环节人员带菌、加工储藏不当引起的交叉污染，以及产品包装不严、加热不充分、运输不当等均可引起肉与肉制品被金黄色葡萄球菌污染。肉与肉制品加工人员、厨师或销售人员带菌；肉与肉制品本身在加工前带菌或在加工过程中受到了金黄色葡萄球菌的污染，产生了肠毒素；奶牛患化脓性乳腺炎或畜禽局部化脓时，对肉体其他部位的污染；熟食制品包装不严，运输过程受到污染。[①]

（3）沙门氏菌。沙门氏菌属是广泛存在于自然界的一大类细菌，约有1700个血清型。人体感染沙门氏菌后会出现急性胃肠炎、肠热症、菌血症等。[②] 食用了被沙门氏菌污染的食品是人体感染沙门氏菌的主要途径，常见的食品为生的或杀菌处理不当的畜肉、禽肉、蛋、奶及果蔬制品。鉴于沙门氏菌对人类的危害性和对禽类的易感性，世界各国的禽类加工企业都十分注重对沙门氏菌的控制。

目前，我国在养殖和屠宰过程中关于沙门氏菌等致病微生物的控制措施要求在法规层面还较为薄弱。我国肉类相关的食品安全国家标准《食品中致病菌限量》（GB 29921-2013）中规定肉制品包括熟肉制品和即食生肉制品中不得检出沙门氏菌，但对养殖和生产加工过程中沙门氏菌的控制尚属空白。

4. 其他相关的微生物指标

除上述微生物污染物，鉴于某些真菌在特定条件下可以产生真菌毒素，甚至引发某些疾病，因此，为保证肉与肉制品的质量，还需对产毒真菌的含量进行控制，如可产生黄曲霉毒素的黄曲霉、可产生赭曲霉毒素的赭曲

---

① 阮雁春：《肉制品微生物检测中金黄色葡萄球菌监测数据分析》，载《食品安全质量检测学报》2020年第11期。

② 周迅、王晓文、杨林、刘星火、李建亮：《欧美禽肉沙门菌法规要求对提升我国禽类卫生控制措施的启示》，载《山东畜牧兽医》2018年第3期，第60~61页。

霉、可产生脱氧雪腐镰刀菌烯醇及其隐蔽型的禾谷镰刀菌、可产生伏马菌素的串珠镰刀菌等。①

此外，还应对可以引发人畜共患疾病的札如病毒、甲肝病毒、戊肝病毒、口蹄疫病毒和狂犬病毒等的含量进行监测与控制。

（二）寄生虫污染

食源性寄生虫严重影响我国食品安全，是不容忽视的公共卫生问题。不良的饮食习惯、食物种类的增加、气候环境的变化、部分地区独特的膳食习俗等原因造成了食源性寄生虫病的流行。随着新时代社会和经济的发展，我国食源性寄生虫病呈现出从农村向城市转移、南病北移且种类增多、新现和再现食源性寄生虫病增加、易感人群增多等新的流行趋势。食源性寄生虫按其感染食物来源可分为水源性、肉源性、水产品源性（鱼源性、螺源性）、植物源性等。就肉源性寄生虫而言，我国流行且危害严重的主要包括旋毛虫、绦虫/囊尾蚴、弓形虫和肉孢子虫。

1. 旋毛虫

人类生食或半生食含有感染性旋毛虫幼虫囊包的猪肉或其他肉类及其制品，可引发旋毛虫病。旋毛虫宿主广泛，猪肉为人类感染的主要来源。近年来，因捕食野生动物而感染的病例大幅增加。旋毛虫病居我国三大人兽共患寄生虫病（旋毛虫病、囊虫病和棘球蚴病）之首。目前，世界各国均将旋毛虫病检验作为屠宰动物的首检和强制必检项目。

旋毛虫感染早期表现有恶心、呕吐、腹痛、腹泻等胃肠道症状，通常轻而短暂。急性期患者主要表现有发热、水肿、皮疹、肌痛等。轻者可逐渐恢复，但消瘦、乏力可持续数月。重者呈恶病质状态，因虚脱、毒血症或心肌炎而死亡。

2. 绦虫/囊尾蚴

绦虫是一种巨大的肠道寄生虫，其中猪带绦虫、牛带绦虫最为常见。人类是带绦虫的唯一终末宿主，也是猪带绦虫的中间宿主。猪/牛带绦虫病主要是人类生食或半生食含有带绦虫幼虫（囊尾蚴）的猪肉（俗称"豆猪

---

① 李怀林：《我国肉品安全现状、原因分析及应对措施》，载《中国禽业导刊》2009 年第 3 期，第 22~23 页。

肉"或"米猪肉")或牛肉,囊尾蚴在人类的小肠内发育为成虫所致。绦虫成虫在肠道内可存活10~20年。绦虫病初期的主要症状为腹部隐痛、恶心或灼烧感等消化道症状,部分患者伴面色萎黄或苍白,体重减轻,倦怠乏力,食欲亢进/不振等症状。因绦虫的节片会脱落并随粪便排出体外,故可在患者粪便中见到白色的虫体节片,或伴肛门瘙痒。

此外,猪带绦虫还可引发囊尾蚴病(囊虫病),为人类误食被猪带绦虫虫卵污染的食物或猪带绦虫病患者体内虫卵通过呕吐反胃而重复感染后,囊尾蚴寄生于人类各组织内引发的疾病。囊虫病的危害远大于带绦虫病,特别是囊虫感染脑部时,患者会出现癫痫、颅内压高和神经障碍等神经症状。

3. 弓形虫

弓形虫为细胞内寄生虫,可寄生于人体内各种有核细胞中,中间宿主包括鸟类、哺乳类等动物和人,终末宿主为猫科动物。弓形虫生活史的各个发育阶段均可感染人类,导致弓形虫病。传播途径以饮食(生食或半生食被弓形虫任一发育阶段污染的肉制品、乳制品、蛋类等)、水源污染和密切接触动物(特别是宠物猫)为主。此外,孕妇可通过胎盘垂直传播给胎儿,也有经输血、器官移植、损伤的皮肤黏膜或唾液飞沫传播的报道。

弓形虫可侵犯人体任何组织器官,但多为隐性感染。免疫功能正常的患者通常症状轻微,缺乏特异性,约90%的患者表现为急性淋巴结炎。孕妇感染可引起流产、死产或怪胎。特殊人群如肿瘤患者、免疫抑制或免疫缺陷患者(如艾滋病患者)、先天性缺陷婴幼儿的弓形虫感染率较高,常有显著全身症状,为致死的主要因素,危害严重。

4. 肉孢子虫

肉孢子虫最早于1882年在猪肉中发现,到20世纪初才被确认为一种常见于食草动物(如牛、羊、马和猪等)的寄生虫。该虫所致的肉孢子虫病是一种人兽共患性寄生虫病,人类因生食或误食含有虫囊的肉类或内脏而感染。

感染人的肉孢子虫主要有人肠肉孢子虫、人肌肉肉孢子虫,前者可引起患者食欲不振、腹痛、腹泻、恶心、呕吐等非特异性的消化道症状,后者导致的临床表现与寄生虫部位有关,如寄生于心肌可引起心肌炎。此外,肌肉中的肉孢子虫可释放内孢子毒素，作用于神经系统、心、肾上腺、肝和小肠，严重时可致死亡。

四、食品新技术对肉类食品安全的影响

食品新技术，是指为了克服传统食品生产中的某些缺陷，提高食品的产量，尽可能地保持食品原有品质，在食品生产工业中不断更新和发展并代表当今科技发展水平和食品加工行业发展趋势的新技术和新方法。食物是千百年来人们赖以生存的物质基础，因此无论在任何历史阶段、任何国家，食物始终都是重要的战略物资。20 世纪中后期以来，科技革命对食品加工行业产生了深远影响，越来越多的新技术和新方法应用于食品加工行业，并对食品行业的发展起到了巨大的推动作用。下面介绍几种常见的新技术和新方法。

（一）超微粉碎

超微粉碎又称细粉碎，是指通过机械力的作用来克服固体物料内部凝聚力而达到使之破碎成细小颗粒的一种物理方法。[①] 它能够使产品颗粒达到人体所能吸收利用的粒度，并能保留所有的营养成分。因此，超微粉碎技术已成为现代食品加工的重要新技术，并获卫健委的批准广泛用于肉灌肠和肉干制品等。

（二）微胶囊技术

微胶囊技术是指将分散的固体、液体和气体用天然或合成的高分子材料包裹起来，形成半透膜或密封的微粒胶囊的方法。目前聚合反应法、相分离法和物理力学法是使用较多的制备方法。[②] 20 世纪 70 年代以来，人们一直在探索抗氧化剂的微胶囊化，其目的在于将抗氧化剂与外界隔绝，增强稳定性并保护抗氧化活性；掩盖部分抗氧化剂的异味，提高可接受性；

---

① 励建荣：《中国传统肉制品的现代化》，载《食品科学》2005 年第 7 期，第 247~251 页。
② 刘芝君：《川味腊肉制作中脂肪氧化酶的作用及微胶囊抗氧化研究》，西南科技大学 2020 年硕士学位论文。

控制抗氧化剂的释放速率，起到长期保存的作用；达到扩大使用范围和减少用量的目的。目前，关于微胶囊抗氧化剂的研究主要集中于包埋工艺及其缓慢释放和其在油脂和冷鲜肉保鲜中的应用。

（三）微波加热技术

微波加热技术是近年来常用的一种加工技术。考虑到微波加热肉与肉制品时，肉与肉制品中营养物质的分子因能吸收大量的能量，导致肉与肉制品中的蛋白质分子结构被分解，并引起肉与肉制品分子结构的改变。此外，另有研究表明，因微波加热条件不合适，某些肉与肉制品还会产生多种有毒次级代谢产物。[①]

（四）真空包装技术

真空包装技术是鲜肉运输过程中常用的一种包装方式。一般来说，将鲜肉装入聚乙烯材料的包装袋、抽掉袋内的空气，使袋内的鲜肉与空气隔绝，从而达到长时间保持鲜肉肌红蛋白所呈现的紫红色。当鲜肉从袋内取出后，肌红蛋白的紫红色立即转变成氧化肌红蛋白的亮红色。真空包装技术的优点是可抑制肉与肉制品中微生物的生长和繁殖，控制蛋白质和脂肪的氧化，延长鲜肉和肉制品的货架期。真空包装技术的缺点是容易引起肉与肉制品的变形、汁液渗出，并造成鲜肉的持水性降低。[②]

（五）气调包装技术

气调包装技术是一种通过向包装内冲入一定成分的气体，破坏或改变微生物赖以生存的气体条件，从而降低/减少食品的生物化学性质改变，达到保鲜防腐目的的一种技术。气调包装技术主要用于高档鲜肉，尤其是牛肉的保鲜中。常用的气体为 $20\% \sim 30\%$ 的 CO_2、$70\% \sim 80\%$ 的 O_2 和 $10\% \sim 30\%$ 的 N_2。高氧气调包装的优点是能够延长鲜肉的货架期，使鲜肉的亮红色稳定保存期长达 14 天；缺点是使用成本高，易造成蛋白质和脂肪的氧

---

① 蒋丽施：《影响肉品安全的主要因素及控制措施》，载《肉类研究》2010 年第 9 期，第 28~31 页。

② 扶庆权、刘瑞、张万刚、王海鸥、陈守江、王蓉蓉：《不同包装方式下蛋白质氧化对鲜肉品质的影响研究进展》，载《肉类研究》2019 年第 4 期，第 49~54 页。

化、降低鲜肉的营养价值并产生不良气味。

（六）生物技术

生物技术是一种极具发展潜力的新型加工技术，主要包括基因工程、细胞工程、酶工程和发酵工程。在肉类加工方面，基因工程主要用于畜禽品质改良；酶工程主要通过酶的催化作用使质地较粗、口感较差的肉类变得松软细嫩，贮藏性提高，同时不破坏营养成分；发酵工程主要涉及发酵肉、腌腊肉与肉制品的发酵机制探讨。

五、大型活动中影响肉与肉制品质量和安全的主要风险因素

这里的大型活动包括在中华人民共和国境内外举办的，对党和国家、行业、地方具有重大意义或重要国际影响的会议、会展、赛事、纪念活动、庆典等。大型活动一般具有以下几个特点：（1）大型活动具有体验功能。大型活动的直观性、互动性较强，如体育竞技赛事类。（2）大型活动具有象征功能。如仪式和庆典类活动，不仅发挥着文化传承的作用，也具有很强的象征功能。（3）大型活动具有文化传承功能。如残疾人奥林匹克运动会是专门为残疾人举办的世界大型综合性运动会，体现了"心智、身体、精神"的和谐统一。（4）大型活动具有一定的政治影响力和经济带动力。如"一带一路"峰会等在体现中国的大国责任感以及影响和带动沿线国家的经济发展方面发挥了良好的作用。

而肉与肉制品不仅是老百姓日常生活中的重要食物，也是大型活动餐桌上必不可少的重要食物。因此，保障肉与肉制品的质量与安全对保障大型活动的安全来说尤为重要。

首先，需要从源头做起，加强对饲料的检测，确保动物所食的饲料是绿色的、安全的。

其次，要加强肉与肉制品的检测和相关管理措施的实施，积极推行HACCP认证、ISO9000 国际质量体系认证，加强对定点屠宰厂、肉类加工厂的厂房、设备、卫生、管理和人员健康状况等的考核。

最后，加强可追溯体系的建立，一经发现问题，即可迅速查找源头，

并迅速召回有问题的产品。

肉与肉制品的安全是指肉与肉制品中不应含有可能损害或威胁人体健康的因素，不能对消费者产生急性毒性和慢性毒性，也不能产生危害消费者及其后代健康的安全隐患。肉与肉制品的质量与安全贯穿于从禽畜养殖、屠宰、加工到最终流向市场的每一个环节。此外，肉与肉制品含有丰富的脂肪、蛋白质、矿物质和维生素等营养成分，备受人们欢迎。

近年来，随着我国国际地位不断提升，举办的大型活动日益增多，肉与肉制品作为不可缺少的美食被越来越多地用于大型活动。肉与肉制品中丰富的营养是运动员等特殊人群优质蛋白的来源，所以切实保证其质量与安全是世界各国都非常重视的问题。如 2015 年的博鳌亚洲论坛年会上我国政府提出"食品安全、国际共治"、2017 年的博鳌亚洲论坛年会上我国政府提出保障食品安全工作实现"零事故"、2019 年提出切实做好"一带一路"峰会食品安全保障工作、2022 年冬奥会期间提出"以极致的细节、筑牢冬奥食品安全之堤"等，都充分说明了我国对食品安全尤其是肉与肉制品质量与安全的重视。

近年来，世界各国都陆续出台了一系列与肉与肉制品相关的法规和标准，但因微生物超标、添加剂使用不规范等传统潜在风险因素以及掺假、新兴加工技术与新兴包装材料带来的新型风险因素而引起的食品安全问题仍时有发生。因此，保障肉与肉制品的质量与安全是保障大型活动顺利开展的重要内容。

第三章 肉与肉制品引发的典型食品安全事件

　　随着科学技术与社会经济发展、生态环境变化、人民生活水平不断改善与提高，全球食品安全面临的挑战也在不断变化，国内外由于食品污染或利益驱动下的违规操作而引发的食品安全事件层出不穷。尤其是近年来我国举办大型活动的频率越来越高，规模也愈发庞大，这类活动的意义已远不止能带来经济效益，它更是体现了一个国家的社会进步、文明程度和综合管理水平，而保障食品安全是成功举办大型活动的必要条件之一。本章梳理近年来国内外大型活动中发生的典型食品安全事件并列举由肉与肉制品引发的食品安全事件，对事件的反思与经验总结对于逐步改进完善我国食品安全管理机制具有积极意义。

一、大型活动中典型食品安全事件

　　大型运动会具有特殊性，其参加人数多、食品供应种类繁杂、食品供货渠道多样，致使其监管工作稍有疏忽，就易发生食品安全问题，食品安全保障工作具有很大难度。大型运动会的食品安全保障工作的头号敌人就是"瘦肉精"，由它引发的大型运动会食品安全事件屡有发生。

　　随着社会发展和人民生活水平改善，人们对饮食的要求也逐渐提高，从"吃得饱"转变为"吃得健康均衡"。早期人们一度认为高脂肪食物是引发心脏病的根本原因之一，尤其是发达国家的消费者，曾因此拒绝消费高脂肪肉类。为满足消费者对精瘦肉的需求，避免经济损失，相关企业或科研技术人员开始致力于寻求可以提高动物瘦肉率、降低脂肪含量的方法，"瘦肉精"应运而生。"瘦肉精"是一类能够促进蛋白质合成，抑制动物脂肪生成并提高瘦肉率的化合物统称，主要为β-受体激动剂，包括盐酸克伦特罗、沙丁胺醇、西马特罗和莱克多巴胺等化合物。β-受体激动剂，因具有支气管扩张功效，在最初被广泛用于治疗哮喘等人类疾病。直到20世纪80年代初，美国Cyanamid公司意外发现盐酸克伦特罗具有促进动物生长、抑制脂肪积累和提高瘦肉率的功效。随后，美国等发达国家迅速将盐酸克伦特罗作为饲料添加剂用于畜禽饲养中，并取得较好效果。我国于80年代末引入盐酸克伦特罗，国内研究者通过饲喂猪盐酸克伦特罗实验观察到该物质可有效提高饲料报酬，增加瘦肉率，并显著地改善酮体品质，提升肉类卖相，随后饲料企业与养殖户纷纷将其应用于我国的猪、肉牛与家禽养殖中。但是随着盐酸克伦特罗的推广应用，由于摄入残留的盐酸克伦特罗导致的食品中毒事件屡有发生。研究表明，盐酸克伦特罗被动物摄入吸收后，因其代谢周期长，易蓄积和残留于动物体内，残留主要集中在肺、肝、肾脏、肌肉和脂肪组织中，其中肝、肺等脏器残留量较高，残留量与摄入剂量和给药持续时间有关，并且由于其化学结构比较稳定，高温烹饪加工并不能破坏或使其降解。人类长期摄入盐酸克伦特罗，易发生以肝肾毒性为主的慢性中毒性损伤，对心脏功能不好的人群，还可能诱发或加重心脏疾病。短时间摄入过量的盐酸克伦特罗后，会引起急性中毒性损伤，主要出现头疼、心悸胸闷和肌肉麻木等症状，尤其是心律失常、高血压、甲状腺功能亢进、前列腺肥大等疾病患者更易产生中毒症状甚至危及生命。所以，欧美等发达国家自1986年开始，已严禁畜牧生产中应用盐酸克伦特罗。我国农业部也于1997年发布（农牧发〔1997〕3号），[①] 严格规定和限制β-肾上腺素类激动剂在动物生产中的添加与使用，并在2002年又组织修订了《动物性食品中兽药最高残留限量》标准，明文规定包括克伦特罗、沙丁胺醇和西马特罗等在内的β-肾上腺素类激动剂禁止作为兽药用于所有食品动物，且在动物性食品中不得检出。然而，一些不法商贩在利益的驱使下，仍违规添加使用"瘦肉精"饲养动物，人体通过膳食摄入该类动物性食品后也可能会引起人体内"瘦肉精"蓄积和中毒，对消费者健康造成极大威胁。而作为"瘦肉精"的盐酸克伦特罗的另一个主要作用是可以使

① 《关于严禁非法使用兽药的通知》（农牧发〔1997〕3号），中华人民共和国农业部，1997年3月。

人体的交感神经兴奋，促进人体肌肉的生长，增加肌肉的力量和耐力，而这一功能可以帮助运动员提升在比赛中的竞争力。因此为了保证体育公平精神、保护运动员的健康，国际体育组织已将盐酸克伦特罗列为违禁兴奋剂。但盐酸克伦特罗很容易在尿液中检测到，因此一旦运动员没有把控好饮食，误食被"瘦肉精"污染的肉或肉制品，就很有可能被检测出并被判定为"服用"兴奋剂。由于我国猪肉与猪肉制品"瘦肉精"污染严重，导致我国有部分运动员，其中不乏世界级运动名将在运动赛事中因被检测出盐酸克伦特罗阳性而遭几个月至几年禁赛不等，游泳健将欧阳鲲鹏更是遭到终身禁赛而断送职业生涯。德国乒乓球名将奥恰洛夫也因在尿检中"瘦肉精"阳性而遭禁赛，他归责于在中国苏州参加公开赛时吃的肉不干净，后德国乒协在其毛发中未发现违禁成分，因此认定奥恰洛夫不存在长期服药的可能性而取消了对他的处罚。德国和法国国家反兴奋剂机构接连向本国运动员发出警告，要求他们对中国当地食品尤其是肉与肉制品保持谨慎的态度，这严重影响了中国食品安全在国际上的声誉。因此，在我国举办国内/国际重大体育赛事时，肉与肉制品安全保障是大型活动中食品安全保障的重要任务之一。例如，2008年北京奥运会，国家相关部门制定了周密完善的肉与肉制品安全监控系统，通过对所有原材料采购行为的监控，对采用的原材料供应备案，建立食品留样和抽检制度、食品安全追溯制度等，以杜绝包括"瘦肉精"在内的潜在污染源。由于经费与人力所限，运动员日常的饮食安全无法做到如此精密的监测，现行的食品安全标准也无法满足运动员饮食安全需要，于是2012年1月国家体育总局颁布了"禁肉令"，直接禁止运动员在外食用猪牛羊肉，并要求各训练基地在未确保肉食来源可靠的情况下，暂停食肉。但这绝不是长久之计，也无疑对运动员的训练、饮食和比赛带来极大的困扰，大部分运动员因担心"瘦肉精"这类食源性兴奋剂的摄入，可能在整个运动生涯中都极少食肉。由此可见，如何借鉴奥运会食品安全管理监测模式，以满足运动员日常的食品安全保障需求是我国仍需进一步研究与完善的课题。

此外，致病微生物污染也是包括大型运动会在内的大型活动食品安全保障工作中的重点关注问题。表3-1列举了2000年以来国内外一些大型运动会和重要国际会议中明确由致病微生物引起的卫生安全突发事件。例如，

2001 年 11 月中旬，中国深圳市举办了第四十六届全国医疗器械博览会，来自世界各地的代表约 6000 人参加，活动期间的餐饮为当地餐厅供应的快餐盒饭，结果由于该餐厅超负荷运转，只能提前制作好食品，盒饭由于常温下存放时间过长而导致沙门氏菌污染繁殖，最终导致参会人员发生食物中毒，受累人数达 253 人。2003 年 8 月，希腊雅典举行了世界青年赛艇锦标赛，比赛期间，62 名德国赛艇队队员因食用所住宾馆被沙门氏菌污染的餐食，暴发集体食物中毒事件，最终导致德国队全体退出比赛。希腊食品安全机构发布的 2003 年卫生调查报告结果显示，希腊全国餐饮业超过 40% 的饭店、餐馆、酒吧等在食品卫生和食物质量方面未能达标，食品卫生状况令人担忧。

表 3-1　2000 年以来国内外大型活动中由致病微生物污染导致的卫生安全突发事件

时间	活动名称	致病微生物	危害原因
2000 年 10 月 （中国）	国庆 50 周年庆典	蜡样芽孢杆菌	送餐盒饭
2001 年 8 月 （中国）	第 21 届世界大学生运动会	大肠杆菌、 细菌总数严重超标	即食食品
2001 年 11 月 （中国）	第四十六届 全国医疗器械博览会	沙门氏菌	送餐盒饭
2003 年 8 月 （希腊）	世界青年赛艇锦标赛	沙门氏菌	宾馆餐食
2018 年 2 月 （韩国）	第二十三届 冬季奥林匹克运动会	诺如病毒	食堂厨师

这类大型活动中暴发的食品安全事件，中毒人数多、涉及面广、社会影响大，给承办国家、城市与参会人员都带来了不良影响。为了规范大型活动的食品安全管理，通过对大型活动中暴露出的食品安全问题的反思与经验总结，我国于 2011 年发布了《重大活动餐饮服务食品安全监督管理规范》，相应的法规建设也在逐年完善。

二、肉与肉制品引发的食品安全事件

公开发表数据显示，我国 2002～2016 年学校、宾馆及单位食堂食源性疾病（食物中毒）事件中，源头为肉与肉制品的中毒事件数量位列第二，共计 666 起，主要原因是致病菌污染，其次是瘦肉精和亚硝酸盐污染。因此各类大型活动的食品安全保障工作内容都将肉与肉制品的安全问题列为重中之重。本节列举了近年来国内外发生的影响较大、后果较为严重的由肉与肉制品引发的食品安全事件。

（一）高致病性禽流感事件

禽流感（Avian Influenza，AI）是由禽流感病毒（Avian Influenza viruses，AIV）引起的传染性疾病综合征，是一种人畜共患病，该病毒的天然宿主为野生鸟类（包括野生水禽及候鸟等），感染后可以导致鸟禽类产生呼吸系统症状。按致病程度分类，禽流感病毒可以分为高致病性（HPAIV）和低致病性（LPAIV），HPAIV 可诱发禽类严重疾病；按病毒粒子表面的外膜血凝素（H）和神经氨酸酶（N）蛋白抗原性的不同，可将其分为 16 个 H 亚型（H1～H16）和 9 个 N 亚型（N1～N9），高致病性病毒株大部分为 H5 与 H7 亚型。通常情况下，AIV 由于对人唾液酸受体的亲和性较低而不能直接感染人，但当人接触了高浓度、大剂量的病毒，或人体免疫力低下或是人体的某些基因突变从而变得易被病毒感染的情况下，HPAIV 有可能从禽类传染给人。人类最常见的感染途径是直接接触携带 HPAIV 的动物或受病毒污染的环境。人感染后可能会出现类似流感的临床症状或消化系统症状，如发热、咳嗽、呼吸急促、腹泻、腹痛、呕吐等；严重时可导致患者因呼吸系统衰竭而死亡。由于 HPAIV 传播速度快、发病率和死亡率高、影响范围广，一旦发现有禽类大范围感染 HPAIV，政府会立即对已感染和有潜在感染风险的禽类采取捕杀措施，但这会使商户与企业遭受巨大损失，因此某些不法商贩为了防止损失，可能会瞒报疫情并把染疫的动物私自宰杀后进行销售，导致给消费者的食肉安全带来严重威胁，并造成疫病传播流行风险。此外，疫情通过产业链的传导性，将上游环节的负面影响迅速蔓延到终端环节，如消费者因对食品安全的担忧而拒绝购买食用禽肉，连锁反应导致禽肉进出口贸易下降等。2005 年世界银行预计禽流感可能给全球经济造成最少 8000 亿美元的损失。因此，高致病性禽流感（HPAI）一直是全球密切关注的禽类疫病，世界动物卫生组织（OIE）将 HPAI 列为法定报告的动物疫病。我国作为目前世界上最大的禽肉生产国和消费国，对禽养殖业和禽肉及制品产业更是格外重视，在《国家中长期动物疫病防治规划（2012—2020）》中，政府已将 HPAI 列为优先防控的重大动物疫病之一。此外，全球各国也积极开展禽流感病毒疫苗研发以预防和对抗疫情。以下将梳理国内外由 HPAIV 引发的几起影响较大、较为严重的食品安全事件。

1. 中国

1997 年 5 月 15 日，中国香港一名 3 岁男童因连续多日出现发热、咳嗽、喉咙痛等症状就医，病情不断恶化，于 5 月 21 日死于病毒性肺炎继发急性呼吸窘迫。8 月初，研究人员从先前采集的男童的气管分泌物中分离鉴定出甲型流感病毒——H5N1。这是全球报道的首例记录在案的人类感染 AIV 的病例，在当时引起了世界各国的强烈关注。11 月至 12 月，先后又有 17 人确诊为禽流感患者，其中 5 人死亡。香港地区卫生署、世界卫生组织（WHO）与美国疾控中心（CDC）的专家立即对患者开展流行病学调查，调查结果显示，H5N1 禽流感的传染源主要为已感染病毒的禽类，如鸡、鸭等，人通过接触染疫的鸟禽类而感染 AIV。同年，香港地区多个农场不时出现大批死亡的病鸡，并于 12 月中旬在一个鸡批发市场的死鸡中检测出 H5N1 病毒。一时间香港市民"闻鸡色变"，消费者因担心感染 AIV 而放弃购买和食用鸡肉及其制品。随后香港地区政府为了控制疫情，立即宣布暂停从内地进口鸡，对香港地区养鸡场、批发和零售市场的活鸡全部宰杀并消毒处理，3 天内共计宰杀 150 万只鸡，造成近亿元损失，至此本次疫情告一段落。

根据 WHO 的统计数据，2003 年至 2020 年间，H5N1 高致病性禽流感病毒在我国已导致 51 人感染、31 人死亡。除 H5N1 亚型外，高致病性禽流感病毒 H7N9 亚型也是我国主要流行的禽流感病毒株，截至 2019 年，我国共 1401 人感染 H7N9、562 人死亡。由此可见，HPAI 已成为我国禽养殖产业、禽肉与禽肉制品行业的重要威胁，对我国经济发展、食品安全、人民健康造成巨大影响。近年来的监测结果显示，活禽交易市场（包括批发与零售市场）是 HPAIV 检出率与分离率最高的场所，活禽交易也是造成中国禽流感疫情持续发生的重要原因之一。这也说明我国禽类及其制品的食品安全监管力度和监管能力均有待加强，从产业链上游的养殖、屠宰环节到下游的流通、交易环节，全链条、全方位防止疫病的传播，以保障我国禽类肉与肉制品安全、人民健康和社会稳定。

2. 其他国家

1997 年 H5N1 在东南亚地区开始流行。自 2003 年起，包括越南、泰国、柬埔寨、老挝和印度尼西亚在内的东南亚国家报告了多起禽类 H5N1 疫情，因感染 AVI 死亡或为防止疫情扩散而被捕杀的禽鸟达数千万。据 WHO 数据统计，2003 年到 2020 年期间，H5N1 亚型病毒已造成上述东南亚 5 国共 411 人感染、288 人死亡。而每次疫情的暴发又导致各国纷纷封关，并且因消费者恐慌引起生禽与禽肉交易市场的萧条，这对东南亚各国及周边国家的禽养殖企业和商户、禽肉与肉制品产业造成了巨大冲击，经济损失严重。联合国粮农组织（FAO）及相关研究中心的研究表明，鸭、人和水稻田在东南亚 H5N1 禽流感暴发中起重要作用。东南亚国家水稻田多，在 9～10 月份，水稻田是大量野生候鸟的集散地，而鸭会以水稻田中遗留的稻谷为食，冬末时，鸭进入市场销售流通，推动了 H5N1 病毒的传播。随着疫情连年不断地发生，各国也实行了相应的防控对策，加强对疫情的监测与监管并取得了较好的效果。以 2005 年泰国为例，泰国政府的主要措施是：以区、省、国家三级开展发现疫情层层上报的预防和监测工作；公共健康部和农业部联合组成监控和快速反应小组，一旦有禽流感疑似病例的报告，立即进入该地区开展调查；在每个省都有称为"禽流感先生"的官员，这些官员定期与公共卫生部交流汇报禽流感情况等。

近年来，HPAIV 也开始在欧洲各国传播与流行。根据欧洲食品安全局（EFSA）数据统计，2005 年至 2015 年期间，欧盟共有 13 个成员国发生 345 起 HPAI 疫情，其中包括 159 起 HPAI H5 亚型疫情、11 起 HPAI H7 亚型疫情，但人类感染较少发生。2003 年 2 月底，荷兰家禽业暴发高致病性 H7N7 亚型禽流感，尽管荷兰政府根据早已制定的禽流感危机紧急预案，对疫情迅速采取了坚决有效的措施，但最终仍捕杀了近 3000 万只鸡，约占荷兰鸡总数的 28%，并导致 80 人被感染，其中 1 名兽医死亡。荷兰通过本国建立的动物传染性疾病控制紧急基金，联合政府迅速对家禽饲养者进行经济补偿，以保障迅速将疫区内所有禽类捕杀，有效控制禽流感蔓延。并且建立疫情监测区，禁止疫区周边 10 公里范围内的活禽、禽蛋产品进行运输和转移，同时将全国分区，要求所有与家禽业有关的活动，如家禽、饲料和禽蛋都不得跨地区运输。

由以上事件可以看出，全球各国仍需加强对 HPAI 疫病的监测、提高早期防控能力、做好免疫防治措施，以避免 HPAI 对禽养殖业、禽肉与肉制品安全、人类健康和经济造成的负面影响。

（二）高致病性猪链球菌事件

猪链球菌（streptococcus suis）是一种猪体内常见的共生菌，也是现代养猪业的主要传染病病原体，高致病性猪链球菌可导致人兽共患传染病——猪链球菌病。猪链球菌为具有荚膜的革兰氏阳性球菌，根据其荚膜多糖（CPS）抗原的不同，可分为 35 种血清型（1~34 型及 1/2 型）。部分血清型的猪链球菌是高致病性血清型，被这类血清型感染的猪可发生脑膜炎、败血症、关节炎等病症。某些菌株也可以感染人类，造成细菌性脑膜炎、感染性休克，严重时可致人死亡。目前为止，从病猪和患者中分离最多的高致病性猪链球菌为猪链球菌 2 型（streptococcus suis type 2）。高致病性猪链球菌的传播途径主要为两种：一是经破损的皮肤和黏膜传播，多发生于猪场屠宰和饲养人员、生肉加工和销售人员与病死猪接触时感染；二是通过食源性传播，人吃了未完全煮熟的病猪肉或内脏，或使用交叉污染的厨具而感染。目前尚无证据表明人可以通过呼吸道传播而感染。我国将猪链球菌病规定为二类动物疫病，一旦发生高致病性猪链球菌流行传播，将对猪肉与肉制品安全、人民健康和经济造成极大的威胁和损失。

根据现有文献统计，自 20 世纪 50 年代以来，中国、日本、加拿大、澳大利亚、欧洲多国等近 30 个国家/地区先后报道猪链球菌感染事件，但人感染猪链球菌并引起发病的情况较少。1968 年丹麦首次报道人类感染猪链球菌 2 型导致脑膜炎的病例，随后 1975 年荷兰有个别病例出现。近年来，猪链球菌 2 型已造成不少于 1600 人感染，北美与南美国家报道人类感染病例较少，欧洲、亚洲、澳大利亚与新西兰等国家或地区多为散发病例。但在我国，除了散发病例，还分别于 1998 年和 2005 年暴发过猪链球菌 2 型地方性流行疫情。1998 年 7 月下旬至 8 月上旬，江苏省如皋市及相邻县市暴发一起人感染猪链球菌疫情，从部分患者血液和脑脊液中分离出猪链球菌。此次疫情共导致 25 人感染发病、14 人死亡，大多数死亡病例于发病后的 1~3 天内死亡。流行病学调查结果显示病患在发病前 2 日内均与病/死猪或来源不明猪肉有直接接触史。其中，19 人曾屠宰病/死猪，3 人曾销售猪肉，3 人曾洗、切猪肉或剥猪皮；发病的 25 人中 7 例有明显的手指皮肤破损史，20 例居住于病/死猪的发生地周围。但由于当时中国的食品安全体系和疾病预防控制体系基础薄弱、风险意识较低，因此未得到足够重视。2005 年 6 月下旬，四川省部分地区再次暴发人感染猪链球菌疫情，此次疫情波及范围包括四川省资阳、内江、成都等 8 个地市、21 个县市区、88 个乡镇、149 个村，至 7 月 20 日前后因感染猪链球菌而死亡的猪数量和人感染后发病人数达到高峰，共造成 647 头猪死亡，感染发病患者 214 例、死亡 39 例，疫情在 8 月初得到控制。四川省疫情发生后，卫生部、农业部迅速组织专家组奔赴疫点对疫情开展调查和处理，结果显示发病区域相对集中，疫情呈点状散发，流行病学结果表明人感染病例均因私自宰杀、加工病死猪而得，各个疫点之间无直接相关性，相互传播的可能性不大。此外，本次疫情均发生在农村、地处偏远、经济条件较差的地区，动物疫情也只发生在养殖条件较差的散养户养殖场，卫生条件相对较好的养殖大户和规模化养殖场未见疫情报告。四川疫情的处理与应对体现了我国疾病预防控制体系的进步与完善。疫情暴发后，相关部门与组织反应迅速，开展调查的同时也及时制定下发了《人感染猪链球菌病的临床表现、诊疗要点和防控措施》《人感染猪链球菌病的诊断和核实程序》《猪链球菌病应急防治技术规范》，有效防止疫情扩散蔓延。但同时也暴露出食品监管部门对猪养殖与生猪肉加工、流通环节的监管漏洞，对偏远地区的猪养殖圈舍、牲畜交易场所、屠宰场点的卫生条件与检疫监管应加强；需严格制定对病死猪及其产品的处置规范并做好监测工作；需加强对民众的宣传督导，开展科学养猪和防病的知识科普工作，并教育民众不食病死猪肉，提高食品安全意识，以避免高致病性猪链球菌病的发生，确保人民健康。

（三）僵尸肉事件

2015 年，一个新概念名词突然进入公众视线——"僵尸肉"。这一切都源于 2015 年 6 月 1 日，湖南省长沙海关查获一起特大走私冻品案并被新闻媒体报道，报道称该次行动共查扣涉嫌走私冻牛肉、冻鸭脖、冻鸡爪等约 800 吨肉与肉制品冻品，其中包括来自印度的冻牛肉 20 余吨，共价值约 1000 万元。随后新华网就此次事件跟进报道，称海关总署于 6 月 1 日在全国范围内 14 个省份统一组织开展打击冻品走私专项缉查抓捕行动，共抓获专业走私冻品犯罪团伙 21 个，全案涉及走私冻品货值估计超过 30 亿元人民币，包括冻鸡翅、冻牛肉、冻牛猪副产品等 10 万余吨。而真正引起公众广泛关注，甚至诱发社会恐慌的是 6 月 23 日的一篇标题为《走私"僵尸肉"窜上餐桌，谁之过？》的报道，该报道首次明确提及"僵尸肉"概念，文中称该次海关专项行动查获的走私冻品中包含肉龄长达三四十年的肉与肉制品冻品，传闻有些冻肉来自疫区，有些源自国外的战略储备物资，但经过化学药剂加工调味后便转身成为"卖相"极佳的"美味佳肴"，悄无声息地出现在路边摊、餐厅和超市中，并且消费者难以分辨。这一事件的发生给消费者、肉与肉制品和餐饮等食品相关产业带来了极大的冲击，大众对我国的肉与肉制品安全，尤其是冻品安全产生了质疑和担忧，导致消费者一度拒绝购买食用冷冻肉与相关肉制品。随着社会关注度的上升，"僵尸肉"事件发生了一次戏剧性的逆转。7 月 9 日，一位食品安全资深记者发文质疑"僵尸肉"报道是假新闻，文中称经多方追踪与调查，没有任何官方发布过查获所谓"封存三四十年"的肉，虽然走私肉是一直存在的，但"僵尸肉"（特指封存几十年的肉）的报道，是从一则已无法考证的"旧闻"不断嫁接、演绎而来的。后续针对"僵尸肉"新闻真假的争论不绝于耳，直到 7 月 12 日，国家食药监局联合海关总署、公安部等多个部门及时发布了《关于打击走私冷冻肉品维护食品安全的通告》，回应"在今年查获的走私冷冻肉品中，部分肉品的生产日期已达四五年之久，对所有查获的走私冷冻肉品，海关均依法予以销毁"，并承诺"海关将增强监管力度，持续加大对冻肉走私犯罪活动的打击力度，对所有查获的走私冷冻肉品依法予以销毁，切实维护人民群众食品安全"，至此"僵尸肉"风波平复。

　　纵观整个事件，无论"僵尸肉"新闻的真假，这都是一起严重违反《食品安全法》的食品安全事件。"僵尸肉"无论是指封存四五十年的超高龄冻肉，还是冷冻超过保质期几年的冻肉，它们都与走私冻品高度关联。我国现行的《食品安全国家标准　鲜（冻）畜、禽产品》（GB 2707-2016）中对鲜（冻）畜、禽产品的技术要求、检验方法和规则、标签、标志、包装和贮存的要求进行了严格规定，而走私渠道流入市场的冷冻肉与肉制品，都是没有经过海关检验检疫的，潜存着品质不合格、化学物质残留超标、携带致病微生物的风险。而且冷冻肉如果经过长时间冷冻，不但营养物质流失严重，蛋白质和脂肪等腐败、水解和氧化会产生某些化学物质导致肉质降低、风味变差。此外，尤其值得注意的是，走私冻肉的储藏与运输环境简陋、卫生状况恶劣，特别是复冻肉（已解冻的肉二次或多次反复冷冻），其致病微生物的繁殖力增强。我们须知，冷藏或冷冻食物并不能完全扼制细菌的生长，如"嗜冷菌"李斯特菌可以在0℃～20℃的环境中继续生长繁殖，污染食物。人感染李斯特菌可出现流感症状和腹泻，中毒严重的情况下可引起血液和脑组织感染，而老年人、孕妇和慢性病患者等免疫力较差人群是李斯特菌的易感人群。即便如此，巨大的利润空间仍诱使一些企业冒险走私冻肉，继而进入餐饮环节或直接以低价售卖，这对民众健康造成了极大的威胁。

　　"僵尸肉"事件是典型食品安全事件，暴露出我国海关和出入境检验检疫部门对进口冷冻肉品的监管漏洞，也警醒我们各相关部门要建立健全和完善全程联动监管机制，从走私源头、市场流通等环节严厉打击走私活动，切断冻品走私入境和市场流通渠道。同时，要督促冷库存储、生鲜超市、餐饮企业树立食品安全主体责任意识，严格遵守国家法规，为消费者提供质量合格的放心产品，切实确保百姓舌尖上的安全，共同促进我国肉与肉制品产业的健康稳定发展，维护良好的市场秩序。此外，"僵尸肉"事件也折射出媒体传播、公众关注和政府监管对于食品安全工作的重要性。此次"僵尸肉"风波的大范围发酵，很大程度上是由于在"互联网+"的大背景下，媒体传播极易并倾向通过舆论效应引发民众对新闻事件的关注与讨论，而食品安全监管本身涉及许多专业技术领域信息，并且又是与消费者健康及利益息息相关，因此在传播过程中稍有不慎就易引起公众恐慌，导致守法经营企业的正常经营秩序和市场秩序被扰乱，肉与肉制品行业声誉受损，民众对政府的信任度降低。而政府监管部门提升监管能力与力度，切实保障食品安全，及时处理与回应问题以消除公众恐慌，是最行之有效的解决方法。

（四）马肉风波

2013 年 1 月，爱尔兰食品安全局（Food Safety Authority of Ireland，FSAI）在例行食品安全监测工作中，发现英国和爱尔兰的部分零售店和超市销售的牛肉制品中混有马肉，其中包括许多大型连锁超市，如 Tesco、Dunnes、Lidl 和 Aldi 等。监测发现约有 37% 的牛肉汉堡中都含有马肉，随后这起对整个欧洲的食品安全体系产生巨大影响的马肉丑闻暴发。随着调查的深入，又相继在多家知名超市、餐饮企业销售的千层面、肉酱面、汉堡和肉丸产品中检测到马肉 DNA，这场风波持续发酵并波及和蔓延至法国、瑞典、德国等十余个欧洲国家，相关产品被迅速下架。尽管欧洲各国政府强调，马肉对人体健康很难或者不会构成危险，但此次事件还是引起了欧洲各国消费者与社会的强烈不满。首先，在爱尔兰和英国有不食马肉的饮食禁忌；其次，消费者担心马肉中是否残留有对人体有严重副作用的药物保泰松，该药物是马匹常用的止痛药，可用于患严重关节炎病人，但因其对人具有致癌性，因此在一些国家早已禁止作为人用药品或谨慎被用作治疗痛风和关节炎；此外，虽然有些欧洲国家有吃马肉的习惯，但牛肉制品里掺杂马肉而未在商品标签上注明，这已属于食品欺诈范畴，促使消费者对涉事企业的商业信誉失去信心，对食品供应链安全性产生怀疑。在马肉丑闻发生后，英国消费者信息调查公司对 2200 多名消费者展开调查，调查结果表明消费者明显减少了肉制品的购买并削减了肉与肉制品的食用量，近 50% 的受访者认为肉类加工企业应该负主要责任，这无疑使欧洲的肉制品生产和销售，乃至欧洲经济及社会遭受重创。为了防止事态进一步扩大并查清源头，欧盟于 2013 年 2 月启动了一项为期 3 个月的全欧盟范围内的肉与肉制品随机抽样 DNA 检测计划，采样人员分别从 27 个欧盟成员国的产品销售点（大部分为零售商、餐饮店）采集牛肉及制品样品共计 4144 个，从食品经营企业（包括生产商、加工商和分销商）采集样品共计 7951 个，每份样品标记如采样地点、时间等详细信息，经检测，4.66%的销售点样品和1.38%的经营企业样品含有马肉DNA。

依赖欧洲食品全程可追溯制度，有关部门较迅速地跟进调查事件，但在调查过程中又暴露出欧洲的肉与肉制品食品安全监管制度存在着明显问题，欧洲的肉产品供应链系统复杂，中间商过多导致许多环节有利可图，并且过多的中间商使溯源性调查变得更为复杂和难以控制。例如，英国超市的冷冻千层面和牛肉汉堡，经追溯食品供应链推断，肉类是一家荷兰贸易公司从罗马尼亚屠宰场采购，供货给塞浦路斯的中间商，中间商提供给法国斯潘盖罗肉类加工企业，该企业又转手卖给法国可米吉尔公司，该公司指派下属卢森堡工厂生产成速冻肉食品，最终出售给13个欧洲国家的28家企业超市。法国竞争、消费者事务与反欺诈总局调查认定，法国斯潘盖罗故意将购入的马肉改贴为欧盟原产牛肉标签进行销售，犯有欺诈行为，而法国可米吉尔公司在生产过程中存在经营过失，未对采购肉类进行检测，亦负有责任。但是法国斯潘盖罗公司又将责任矛头指向了罗马尼亚，称他们仅根据随附文件更换了标签，但随附文件并未注明是马肉，暗示是罗马尼亚"贴错标签"，即把马肉标注为牛肉出售。由此可以看出，因欧洲食品供应链条复杂，并且欧洲食品监管机构对肉制品生产链早期的风险识别与预防制度缺乏重视，在调查过程中几乎所有供货商和生产商都称自己是"受害者"，将责任推给上游或下游的企业和供应商，导致即使欧洲有着较完善的食品追溯制度也并未能快速、顺利地查出此事件的罪魁祸首。

这次马肉事件并未随着调查结果的公布而结束，欧盟秉持着彻底解决肉制品欺诈问题的态度，相继采取了一系列相应措施以加强并完善肉制品安全监管制度与体系。欧盟在2013年2月颁布了《关于降低食品欺诈发生率的协调监管计划》，计划明确提出为消费者供应的食品，尤其是包含肉类成分的食品，必须在标签中标明其所有成分并标明该肉来自何种动物。后又在7月建立了欧盟食品欺诈网（EU Food Fraud Network，FFN），旨在更快速高效地通过跨境行政协助与合作处理跨国食品安全违法案件。此外，欧盟还建立了一个专门的团队来处理肉制品欺诈相关事件，并要求肉制品监管机构、刑警组织、海关和司法机构等之间通过协调合作共同应对肉制品安全问题。英国政府也委托贝尔法斯特女王大学的克里斯·埃利奥特教授对食品供应链的完整性和保障工作进行了独立审查。审查报告最终从八个方面向政府和食品行业提出建议以避免食品欺诈、提高食品诚信：消费者第一、欺诈零容忍、食品行业与政府合力收集与共享情报、实验室检测技术支撑、对供应链企业加强审计、政府支持、加强领导和危机管理能力。审查之后，行业态度发生了重大变化，行业和政府也按建议进行了相关调整并取得很大进展。此次欧盟"马肉风波"的经验教训也值得我国学习和借鉴。

第四章　公众对肉与肉制品的安全和营养认识误区

一、肉类保鲜之"超级冷冻肉"

冷冻肉指储存在-18℃以下的肉类，其保质期通常为12~24个月。当冷冻肉的储存时间远远超过其保质期时，被称为"超级冷冻肉"或者"过期冷冻肉"。由于在低温冷冻条件下，细菌无法大量繁殖导致肉类变质，因此低温储存是肉类保鲜的手段之一。然而，当肉类在低温条件下储存过长时间后，不仅会造成肉类感官品质变性，营养价值降低，甚至会引起其他食品安全风险。

过期冷冻肉由于久冻或者反复冻融，其肉质比新鲜肉松散，食用时一旦化冻，过期冷冻肉比新鲜肉更容易滋生细菌。久冻后，瘦肉的颜色会从红色变成褐色，肥肉的颜色则会逐渐变黄，口感也会发生变化。低温虽然可以抑制细菌的大量繁殖，但不能完全阻止氧化反应的发生。肉类中的蛋白质发生氧化后，必需氨基酸分解，导致肉质变硬，鲜味丧失。同时，B族维生素也会随着冷冻时间的延长而逐渐减少，失去营养价值。

过期冷冻肉通常为走私品，未经检疫的走私冷冻肉可能携带引发禽流感、口蹄疫等人畜共患病的病原体，食用后会引起一定的患病风险。2015年7月12日，国家食品药品监督管理总局、海关总署和公安部等多部委联合发布了关于打击走私冷冻肉品、维护食品安全的通告。该通告指出当年查获的走私冷冻肉品中，有的查获时生产日期已有四五年之久。事实上，流入国内的走私冷冻肉品已形成一条完整的走私入境链条，即在国外发货，经中国香港拼柜和越南中转后，由中越边境偷运入境。走私冷冻肉品的运输条件一般比较恶劣，走私人员通常用普通车辆将肉品运送到冷藏点。在运输过程中，走私冷冻肉品反复冻融，使得肉品较易滋生大量细菌，甚至出现腐败变质仍被再次冷冻流入市场。当食品加工或经营单位采购走私冷冻肉品后，使用大量调味料将其加工成即食肉制品端上餐桌，普通消费者很难从味道上进行鉴别。因此，走私冷冻肉品的食用安全风险较高。

过期冷冻肉携带的病原微生物可能会引起消费者发生食源性疾病，对人体的消化系统、神经系统等产生不良影响。例如，过期冷冻肉容易变质产生甲胺、尸胺等具有刺激性的化学物质。这些刺激性物质可引起人的眼睛、皮肤或呼吸道黏膜出现不适。消费者食用后，还会产生消化道反应，出现恶心、呕吐等临床症状。过期冷冻肉中可能还含有微生物代谢产生的有毒生物毒素，如肉毒毒素可抑制神经系统中神经递质的释放，进而导致肌肉僵硬甚至麻痹。长期食用过期冷冻肉还可能引起慢性中毒，有毒物质在人体内长期积累诱发癌症等。因此，过期冷冻肉对人体健康的危害是不容忽视的。[①]

我国除了大力打击走私冷冻肉、加强市场监管外，对肉品的质量和价格也有相应的保障措施。中央储备肉就是为了保障肉品供应、平抑物价、稳定市场的一种肉品储备和供应机制。储备肉是指国家用于应对重大自然灾害、公共卫生事件、动物疫情或者其他突发事件引发市场异常波动和市场调控而储备的肉类产品。储备肉虽含有"储备"二字，但并不代表该肉品储存了很长时间。按照我国储备肉管理的相关规定，中央储备肉常年储存在-18℃。冷冻猪肉的保质期一般为6个月，冷冻牛肉或冷冻羊肉的保质期一般为8个月。为了保证冷冻肉的新鲜和食用安全性，中央储备肉的储备周期为4个月，每年储备3轮，即每4个月就会轮换一次。

那么，普通消费者在选购和保存冷冻肉时，应该注意哪些要点呢？第一，正常的冷冻肉瘦肉部分颜色一般为浅灰色，肥肉部分呈白色，且具有一定的光泽度。当冷冻肉的颜色变成褐色或表面呈灰绿色、有白色或黑色的斑点时，则很有可能是过期冷冻肉。第二，正常的冷冻肉解冻后用手指按压，肉品不会出现明显变化。而过期冷冻肉解冻后肉质疏松且弹性下降，

---

① 张秋、肖平辉：《从"僵尸肉"事件谈肉制品安全风险管理》，载《肉类研究》2016年第10期，第49~52页。

用手指轻轻按压后肉品表面会留有凹陷的痕迹。第三，正常冷冻肉解冻后一般没有异味，而过期冷冻肉解冻后会散发出明显的腐臭味。第四，烹煮正常冷冻肉时，肉品不容易煮散，且肉汤无大量浑浊物。而过期冷冻肉在烹煮时较易煮散，且肉汤会变得很浑浊。如果不慎购买到过期冷冻肉，不建议加工后食用。此外，消费者购买了正常的冷冻肉后，也应尽快食用完，避免在自家冰箱中继续长时间存放。在挑选肉品时，尽量选择适量的新鲜肉或冷鲜肉。如果一次吃不完放在冰箱进行冷冻，最好标记好肉品的购买日期，并在短时间内食用完毕。

总的来说，低温冷冻是肉品保鲜的手段之一，但正常冷冻肉也是有保质期的，不能长时间将肉品进行冷冻保存。超级冷冻肉或过期冷冻肉存在一定的食品安全风险，不建议食用。

二、"喝汤弃肉"

汤在中国饮食文化中具有重要地位，正所谓"无汤不成席"，可见汤在人们的日常饮食生活中广受欢迎。[1] 然而，有的人喝汤只喝汤水，不吃汤里的肉，认为肉汤在长时间炖煮过程中，营养物质已经释放到汤中，精华都在汤里且肉汤更好消化和吸收，而汤里的肉所包含的营养物质已经所剩无几，只会增加消化系统的负担，也被唤作"肉渣"或"汤渣"。事实上，这种想法是错误的。

首先，科学研究表明，肉汤的营养价值不足肉本身的十分之一。这主要是因为肉汤的营养价值全部来源于肉，而肉中的水溶性营养物质只占 $1\% \sim 2\%$。经过长时间炖煮，水溶性维生素、氨基酸、小分子肽类和钾元素可溶于汤中，而其他非水溶性营养物质，如钙、铁和绝大多数蛋白质还保留在肉中。因此，只喝汤不吃肉完全是舍本逐末，得不偿失。这种"喝汤弃肉"的做法不仅造成了食物的浪费，还错过了汤中大部分营养物质。

其次，北京协和医院营养科于康主任医师指出，消化系统正常的健康人在食用肉汤时，牙齿可以充分地咀嚼汤里的肉，再由消化系统中的其他

---

① 周建武、柯李晶、邵彪、高观祯、王惠勤、饶平凡：《汤的威力：食品科学新知》，载《中国食品学报》2011 年第 8 期，第 9~15 页。

组织或器官将肉中的营养物质进行吸收入血供机体利用。只要适量的食用肉汤，并不会增加健康人的消化负担。此外，喝汤弃肉还有其他不利于健康的方面。例如，一般在烹煮肉汤时，会加入食盐和其他调味料。吃饭时食用其他菜品的同时再喝上几碗汤往往会造成盐分摄入过多，增加心血管疾病的患病风险，如高血压。在制作肉汤的过程中，很多人觉得将汤汁熬煮成乳白色会更加营养和滋补。其实不然，汤汁之所以会变成乳白色，是因为肉中的脂肪发生了乳化作用。在烹制过程中，食用油和肉中的脂肪会被分解成细小的微粒，而卵磷脂和一些蛋白质能起到乳化剂的作用，使得这些脂肪微粒被水包裹着，形成一种外观呈乳白色的乳化液体。这种汤汁虽然看起来很诱人、很营养，但其实汤水中的脂肪含量通常比较高。饮用过多可能会引起脂肪摄入超标，导致体内胆固醇升高。同时，肉汤中还含有较多的嘌呤物质，痛风或高尿酸血症患者食用后可能会加重病情。

那么，普通人应该如何正确地食用肉汤呢？如果是自己在家烹煮肉汤，要注意控盐控油，尽量清淡，喝汤时撇去表面的浮油。如果是在外就餐，尽量少喝口味重的浓汤。同时要避免喝汤时温度过高，烫伤口腔或食管黏膜。汤泡饭虽然味道鲜美诱人，但也要尽量少吃。食用时要仔细咀嚼，避免误食骨渣或鱼刺。因此，对于正常的健康人来说，喝汤又吃肉才能既品味到完整的汤羹之美，又摄取到充足的营养物质。"喝汤弃肉"的做法是没有科学依据且不可取的。

汤在各国饮食文化中，不仅被认为是一种具有营养和饱腹感的食物，还被认为具有保健和调理疾病的功效。例如，鲫鱼汤在我国通常被认为对产后妇女具有催乳的功效，还有调理各种身体问题、滋补相应脏腑的药膳汤等。在西非，胡椒汤被认为可以用来治疗呼吸系统疾病。而犹太人则认为鸡汤可以缓解炎症，用于治疗感冒和哮喘等疾病。对于术后虚弱或消化系统功能不全的人来说，进食肉类较为困难，这时可以只喝汤不吃肉，以免加重消化系统的负担。肉汤具有改善食欲、易进食和好吸收等优点，虽然汤汁本身的营养不如肉类丰富，但对于这类特殊人群，肉汤能循序渐进地改善机体状态和营养需求。即便如此，喝汤也要适量，清淡、减盐和控糖，使得汤能够发挥增补营养、平衡膳食、愉悦身心的作用。

三、肉食以猪肉为主

我国不仅是生猪养殖大国，也是猪肉消费大国。根据国家统计局 2022 年的中国统计年鉴，我国居民 2021 年肉类消费中，畜肉约占 88%，而猪肉大概占其中的 77%。可见，猪肉在我国居民膳食消费中占有重要地位。一项 2015 年中国居民营养状况变迁的研究显示，对于身体正处于生长发育阶段的儿童和青少年，肉类的消费率为 89.9%，摄入的肉类以猪肉为主。[①]

猪在我国具有悠久的养殖和食用历史，由于猪是杂食动物，饲料转化率高且生长周期短，因此养猪意愿和规模相对而言比较大。然而，无论从养殖供应还是营养结构，这种肉食以猪肉为主的膳食模式是不合理的，有待进一步改善。[②]

人类肉食主要可以分为畜肉和禽肉，其中畜肉主要包括猪肉、牛肉和羊肉，这些肉类又被称为"红肉"。其中，虽然牛和羊具有生长周期长、单位肉产量的碳排放高等劣势，但是增加牛羊等草食性动物的养殖有着不可替代的优势。首先，由于我国粮食连年丰收，具有较大的收储压力，因此为减少无效供给，优化资源配置，我国提出了"粮改饲"战略，即调减玉米种植用地，大力发展青贮玉米和饲草种植，形成粮食—饲料—经济作物的种植结构。青贮玉米具有生产周期短、种植密度高、产量可观且肉蛋奶转化率高等优点，使得土地利用率大大提高，可以创造更高的经济收益。可见，发展草食性动物的养殖，不争地不争粮，还能进一步提高粮食安全水平。其次，大力发展牛羊养殖业还能充分利用农作物秸秆生产青贮饲料，减少秸秆燃烧产生的污染，对于环境保护和资源再利用都有很好的助益。因此，这种农牧业协同发展，不仅可以改善产业结构，还能调整居民肉食营养结构。

禽肉主要包括鸡肉、鸭肉和鹅肉，又被称为"白肉"。在养殖过程中，家禽比猪的生长周期更短，且消耗的粮食和水也更少，是节粮节水畜牧业

---

① 李丽、王惠君、欧阳一非、黄绯绯、张继国、汪云、张兵：《中国 15 省（区、直辖市）儿童青少年肉类摄入情况和影响因素分析》，载《中国食物与营养》2020 年第 3 期，第 47~51 页。

② 李跃杰：《关于国民肉食结构的思考》，载《山东畜牧兽医》2020 年第 2 期，第 43~44 页。

发展的良好实践。此外，从环境保护的角度看，生产 1kg 猪肉约排放 3.8kg 二氧化碳，而生产 1kg 鸡肉大概排放 1.1kg 二氧化碳。对于减少碳排放，积极推进环保养殖，养鸡比养猪更有优势。

从膳食营养方面来看，从促进健康的角度出发，可增加禽肉的摄入。因为禽肉中脂肪含量相对较低，脂肪酸组成优于猪肉、牛肉和羊肉等畜肉。根据中国营养学会的数据，不难发现：（1）畜肉中猪肉的蛋白质含量是最低的。一般猪瘦肉中的蛋白质含量为 10%~17%，而猪肥肉中的蛋白质则只有 2.2%；畜肉中蛋白质含量较高的是牛肉，一般牛瘦肉中的蛋白质含量可以达到 20% 左右，牛肥肉中的蛋白质含量约为 15.1%。而禽肉中鸡肉的蛋白质含量是最高的，可达到 23.3%。（2）畜肉中猪肉的脂肪含量是最高的。猪肉的脂肪含量为 20%~35%，而牛肉和绵羊肉中的脂肪含量为 10%~20%。（3）红肉中的脂肪以饱和脂肪酸为主，而白肉中的脂肪以不饱和脂肪酸为主。通常情况下，红肉中饱和脂肪酸、单不饱和脂肪酸和多不饱和脂肪酸的比例为 1:0.5:0.1，而白肉中饱和脂肪酸、单不饱和脂肪酸和多不饱和脂肪酸的比例为 1:1.5:0.5。理想情况下，饱和脂肪酸、单不饱和脂肪酸和多不饱和脂肪酸三者之间的比例最好为 1:1:1，因此，从膳食营养和国民健康的角度出发，建议少吃猪肉，多吃牛羊肉，少吃红肉，多吃白肉。[1]

研究表明，居民膳食模式与慢性病之间存在一定的关系。例如，高能量、高脂肪、高蛋白和低膳食纤维的膳食会增加肥胖、心血管疾病、糖尿病和癌症等慢性病的患病风险。[2] 随着我国经济社会的快速发展和居民生活水平的显著提高，我国居民食物摄入种类日趋多元，但谷类和植物性食物摄入逐渐减少，而动物性食物和速食食品的摄入逐渐增加，加上其他生活方式的共同影响，人群中超重和肥胖的比例越来越高。为此，必须重视膳食结构的优化和改善，使得摄入的食物更好满足机体营养需求，保持健康状态。除了保持粮食充足的摄入量，增加蔬菜、水果、大豆及其制品的摄

---

① 罗洁霞、徐克：《我国居民家庭膳食蛋白质和脂肪摄入量比较》，载《中国食物与营养》2019 年第 2 期，第 79~83 页。

② 郑玮扬、刘怡娅：《贵州省成年居民膳食模式与代谢综合征的关系》，载《现代预防医学》2019 年第 10 期，第 1761~1764 页。

入，还应改善动物性食物的摄入结构，即减少脂肪含量相对较高而蛋白质含量相对较低的猪肉摄入，适当增加牛羊肉、禽肉或水产品的摄入。[①]《中国居民膳食指南（2022）》建议：（1）食物多样，合理搭配；（2）吃动平衡，健康体重；（3）多吃蔬菜、奶类、全谷、大豆；（4）适量吃鱼、禽、蛋、瘦肉；（5）少盐少油，控糖限酒；（6）规律进餐，足量饮水。

四、吃猪肉嫌弃猪皮

我国是全世界最大的猪肉生产和消费大国，每年在生猪屠宰过程中会产生大量的猪皮。随着居民生活水平的提高，加上肉类食品供应充足，人们在吃猪肉的同时，往往会舍弃猪皮。我国猪皮资源十分丰富，除了可用于工业上制作皮革外，还可以通过食品加工变成营养丰富，口感奇特、美味的肉制品。

猪皮主要是由水、蛋白质、少量的脂肪和矿物质组成，其中水分约占65%、蛋白质为33%、脂肪约为2%、矿物质为0.5%。猪皮中的蛋白质主要由胶原蛋白和弹性蛋白组成，其中胶原蛋白含量高达90%以上。胶原蛋白是一种生物大分子组成的胶类物质，它是构成人体皮肤、筋腱和牙齿等最为主要的蛋白质成分，约占人体蛋白质总量的三分之一。该种蛋白在水中加热时可分解为明胶质。胶原蛋白虽然属于营养不完全蛋白质，但其巨大的表面积和良好的成胶性使其可以排除重金属离子和某些毒素，还对预防心脑血管疾病有一定的作用。同时，这些蛋白质被人体吸收利用后，还能增强皮肤弹性、减少皱纹，起到抗衰老的美容效果。研究表明，老年人体内的细胞蛋白质分子与水交叉结合形成一种"冰洁区"，可使细胞可塑性降低，进而造成多种器官萎缩、弹性减弱，皮肤和黏膜干燥、皱纹增多等"脱水状态"或"衰老现象"。[②]猪皮中的胶原蛋白对保持人体水分具有重要作用，它能以水溶液的形式存在于人体组织或细胞中，改善细胞的营养

---

① 覃尔岱、王靖、覃瑞、刘虹、熊海荣、刘娇、王海英、张丽：《我国不同区域膳食结构分析及膳食营养建议》，载《中国食物与营养》2020年第8期，第82~87页。

② 李艳丽：《猪皮胶原蛋白肽的保湿功能评价》，载《现代农业科技》2019年第14期，第229~232页。

状况，促进新陈代谢。猪皮蛋白质中的弹性蛋白虽不能溶解，但遇到胃蛋白酶和胰蛋白酶时可以被机体消化吸收。

此外，猪皮还具有一定的药用保健功能。猪皮的药用名为猪肤，味甘性凉，具有活血止血、补益精血、滋润肌肤、光泽头发、减少皱纹、延缓衰老等作用。猪肤可以加工煎炼成动物胶，如今市售的"新阿胶"就是用猪皮代替驴皮熬制而成的。我国古代"医圣"张仲景曾在《伤寒论》中记载"猪肤汤"一方，认为该方具有和血脉、润肌肤之功效，主治少阴、下痢、咽痛。中医认为，猪肤适合心烦、咽痛、下痢等阴虚之人食用，还适合血枯、月经不调的妇女和出血的血友病人食用。然而，对患有肝脏疾病、动脉硬化和高血压的患者则应少食或不食猪肤。[①]

因此，吃猪肉的同时也可以适量吃一些猪皮。随着猪皮的营养和保健功能被越来越多的人认识，关于猪皮的菜肴和药膳也越来越丰富。猪皮的常见做法如下。

（一）猪皮冻

将新鲜猪皮或冷冻猪皮解冻后用喷枪或刮刀去除猪皮表面的猪毛，并刮去猪皮上的肥油与猪骨一起冷水入锅，大火煮沸后捞出用清水冲洗干净。锅中加入适量清水，放入猪皮、猪骨、生姜、葱和料酒，用小火煮两个小时左右。将猪皮捞出用绞肉机绞碎或用刀切碎，再加入酱油，用小火慢慢熬煮，撇去浮沫，煮至有黏性。倒入容器中，冷却凝结即成猪皮冻。

（二）猪皮条

将去毛后的猪皮放入石灰水中浸泡，石灰用量占猪皮重量的5%左右。浸泡期间，每隔4个小时，上下翻动一次猪皮使其浸泡均匀。大约12小时后捞出猪皮，二次去毛和猪皮上多余的脂肪，然后再次浸入石灰水中浸泡大约12小时，浸泡完成后捞出洗净，再放入清水中浸泡24个小时。捞出后用沸水冲洗2遍，放入开水中煮15分钟。反复清洗后，在85℃左右的热水中浸泡40分钟。捞出后沥干水分，切成细长条，并将其放在阳光下暴晒

---

① 沙莎：《猪皮也是一剂良药》，载《药膳食疗》2016年第4期，第30~31页。

2~3天，或在50℃下烘烤2~3天，使猪皮中的含水量在10%左右。然后，置于180℃~200℃的植物油中炸至金黄。冷却后按照口味喜好，适当调味即可食用。

（三）《伤寒论》中的猪肤汤

500g去毛猪皮，用小火煮30分钟，捞出后加入30g蜂蜜搅拌均匀，再加入若干米粉搅打成糊糊，小火烧开后即可食用，此方主治咽喉疼痛，食用20分钟后症状可明显减轻。

猪皮做得好，不仅能丰富食物的口感，还能变换食物的花样。例如，深受大众欢迎的"灌汤包"，之所以与普通包子不同，是因为在灌汤包馅料的制作过程中加入了皮冻。包子在蒸制的过程中，皮冻受到高温加热后融化成汤汁，包裹在薄薄的包子皮中，仿佛在包子中灌入了鲜美可口的汤汁。食客在品尝灌汤包时，不仅感受到馅料的美味，还体会到饮食的乐趣。因此，吃猪肉不必嫌弃猪皮。猪皮不仅营养丰富、口感奇特，还有很大的创意发挥空间。

五、不吃肥肉有益健康

随着现代生活饮食越来越丰富，人们不再只追求吃得饱，还要吃得好、吃得健康。"肥肉"曾经是人们生活中向往的丰腴，也是文学作品中不舍的美味。如今，肥肉不再让人毫无顾忌地大快朵颐，甚至有的人一点儿肥肉都不敢吃。究其原因，是担心吃肥肉会引起肥胖、心脑血管疾病等慢性代谢综合征。然而，肥肉真的有这么"可怕"吗？不吃肥肉真的有益健康吗？事实并非如此，肥肉中虽然含有大量脂肪，但只要适量地食用肥肉不仅不会引发疾病负担，反而有益身心健康。

肥肉主要是由动物脂肪、蛋白质和水等组成，其中动物脂肪占绝大部分。脂肪和蛋白质、碳水化合物一样，都是人体新陈代谢不可或缺的营养素。脂肪不仅能够参与人体组织器官的构成，还能为机体提供能量，保障生命活动的正常进行。① 肥肉中的脂肪对人体的作用包括以下几个方面。

（一）促进其他营养素的吸收

肥肉中的脂肪不仅含有磷脂、硬脂，还含有多种维生素。例如，维生素 A、D、E、K 等脂溶性维生素只有溶解在脂肪中才能被人体吸收利用。若脂肪摄入不足，也会引起相应的维生素缺乏。

（二）储备供能

正常情况下，机体利用碳水化合物分解产生的能量保障人体正常的生命活动。在特殊情况下，例如，低血糖、高消耗时，机体还可以动员脂肪产生热量。当患有慢性消耗性疾病，机体处于应激状态时，脂肪可作为储备能源满足机体的能量消耗。研究测定 1g 脂肪充分氧化燃烧后，能够释放出 9 千卡的热量，约是糖和蛋白质的两倍。人体任何活动都需要消耗一定量的脂肪，因此体力劳动者和运动员，应食用适量的肥肉，保证机体的正常活动。

（三）润滑和保温

脂肪不仅可以减少脏器之间的摩擦和震荡，同时位于皮下的脂肪还是人体很好的"保温层"，能够起到一种自然隔绝作用，减少体内热量的过多散失。在寒冷的外界环境中，脂肪有助于保暖，维持稳定的人体温度。

1. 产生一种激素

研究表明，脂肪组织能产生一种名为"莱普亭"（leptin）的激素，调节机体能量摄入和消耗之间的平衡。例如，当人体内脂肪过多时，莱普亭可抑制食欲，使人体脂肪摄入减少；当人体内热量消耗过多时，莱普亭可激发食欲，使人体增加能量的摄入。该激素还有助于判断体内是否有足够的脂肪储备用于青春发育和生殖活动。若女性缺乏莱普亭激素，则无法进入青春期发育，也不会启动生育功能。若男性缺乏莱普亭激素，则无法到达真正的成年期。此外，该激素还能参与体内免疫活动的调节，有助于抵抗微生物的入侵。

---

① 范忠：《肥肉与健康》，载《东方药膳》2018 年第 7 期，第 49~50 页。

2. 调节血脂水平

肥肉中虽然含有大量的饱和脂肪酸，但也含有一部分多不饱和脂肪酸，其中亚油酸和亚麻酸的总量高达 9.7%，多不饱和脂肪酸有助于降低血脂水平。肥肉中还含有植物油中没有的长链不饱和脂肪酸，如二十二碳多烯酸。这种长链不饱和脂肪酸不仅与神经系统和大脑组织的生长发育密切相关，还能防止胆固醇积累和血小板凝集。

吃肥肉对人体有上述助益作用，而不吃肥肉可能会对人体造成一定的患病风险。例如，如果长期忌食肥肉，可能会造成低胆固醇血症，不利于机体正常的新陈代谢，而且还会导致某些微量元素如锌和锰的缺乏，出现继发性高血脂症，进而引发动脉硬化、贫血、营养不良、味觉减退、食欲减退、皮肤痤疮、伤口不易愈合、牙齿脱落、骨质疏松等不良现象，严重的甚至还会增加多种致病菌感染的风险。

因此，不必谈"肥肉"就色变。正确地烹煮肥肉，适量食用肥肉，不仅可以品尝到丰满浑厚的油香之美，体味到富足饱满的幸福之味，还能均衡饮食，促进健康。例如，正常人从事轻体力活动时，每日可食用不超过50g 动物脂肪。对于已经患有高血脂、动脉粥样硬化等慢性代谢综合征的人来说，则应遵从医嘱，低脂饮食，但也不用过于极端完全不吃动物脂肪。

事实上，某些时候有形的肥肉可能令人"望而生畏"，但无形的肥肉反而让人在不知不觉中吃了不少。通常情况下，肥肉藏得比较深的食物有肉肠、鱼丸、饺子和包子等。这些食物中含有的肉糜在制作加工过程中，往往会故意添加一定量的肥肉糜，起到增香提味、改善口感的作用。例如，按照国际惯例，灌肠类产品中通常含有超过20%的脂肪。制作鱼丸或肉馅时，也会加入适量的肥肉糜，使得肉丸或馅料丰盈多汁。此外，烘焙糕点或饼干类产品，在制作过程中会使用一定量的黄油。黄油中含有大量的饱和脂肪酸和胆固醇，若摄入过多黄油烹制的产品，也会增加高脂血症和高胆固醇血症的风险。

因此，不吃肥肉并不会有益健康，关键在于正确地认识肥肉，适量食用、均衡膳食。除此之外，还应关注食物中隐形的肥肉。购买预包装食品时，学会读懂食品包装上的营养标签。做到合理选购，科学食用，平衡膳食，适度运动，最终达到饮食促进健康的目的。

第五章　肉与肉制品食品安全标准

一、国内外肉与肉制品标准体系

（一）国际食品法典委员会

国际食品法典委员会（Codex Alimentarius Commission，CAC）是由联合国粮农组织（Food and Agriculture Organization of the United Nations，FAO）和世界卫生组织（World Health Organization，WHO）于 1963 年建立的协调食品标准的国际政府间组织。截至 2022 年，国际食品法典委员会共制定了 235 项标准、85 项指南和 56 个操作规范。与肉与肉制品相关的标准及指南共 11 项，具体包括：肉类食品生产加工的基本准则 1 项：《肉类卫生操作规范》（CAC/RCP 58-2005）。[①] 标准方面，通用标准 1 项，即《食品和饲料中污染物和毒素通用标准》（CXS 193-1995），未特定指出肉与肉制品的限量标准，对食品中的杀虫剂残留、兽药残留、微生物毒素残留以及一些自然毒素（如藻类毒素）等的残留都作出了具体的限量规定。[②] 通用指南 2 项：《食品卫生一般原则应用于控制食品中单核细胞增生李斯特菌的指南》（CAC/GL 61-2007），描述即食食品中李斯特菌的控制方法；[③]《食品相关微生物标准的建立和应用的原则和指南》（CAC/GL 21-1997）对食品中微

[①] Code of Hygienic Practice for Meat，Codex Alimentarius Commission，CAC/RCP 58-2005.

[②] General Standard for Contaminants and Toxins in Food and Feed，CodexAlimentarius Commission，CXS 193-1995.

[③] Guidelines on the Application of General Principles of Food Hygiene to the Control ofListeria Monocytogenes in Foods. Codex Alimentarius Commission，CAC/GL 61-2007.

生物的监管以及检出限进行了基本原则介绍。① 肉类标准共有 2 项：《午餐肉标准》（CXS 89-1981）和《熟咸肉片标准》（CXS 98-1981），②③ 这两项标准中杀虫剂和兽药的残留标准均参考 CXS 193-1995。此外，《加工肉类和家禽产品中使用的香料和药草的微生物质量指南》（CXG 14-1991）是由 CAC 加工畜肉与家禽委员会于 2009 年发布的，规定了用于肉类加工的香料和香草处理方法，最终成品应符合的标准应根据需添加的肉类而定。④

此外，针对不同的肉类，CAC 也发布了不同的针对性指南和标准。

对于鸡肉，食品卫生法典委员会（Codex Committee on Food Hygiene，CCFH）于 2011 年发布了《鸡肉中弯曲杆菌和沙门氏菌控制指南》（CAC/GL 78-2011）。⑤ 弯曲杆菌和沙门氏菌是引发食源性疾病的常见病原，鸡肉是这两种细菌的最主要食物载体，该指南以 CODEX 系统中已建立的一般食品卫生规定为基础，根据 JEMRA（Joint FAO/WHO Expert Meetings on the Microbiological Risk Assessment）微生物风险评估系列出版物中《鸡蛋和肉鸡中沙门氏菌的风险评估》以及《肉鸡弯曲杆菌感染的风险评估》中的风险评估结果，⑥⑦ 建立了专门针对鸡肉中弯曲杆菌和沙门氏菌的控制方法，实现了从农场到餐桌的全生产链条监管。其中沙门氏菌的检测方法，CAC 推荐参考 OIE（World Organization for Animal Health）《陆生动物卫生法典》，章节 6.6 "禽类沙门氏菌的预防、检测和控制" 中的方法。⑧

对于牛肉，CAC 于 2016 年颁布了《牛肉和猪肉中非伤寒沙门氏菌防控准则》（CAC/GL 87-2016），对牛肉中非伤寒沙门氏菌的防控进行了具体描

---

① Principles and Guidelines for the Establishment and Application of Microbiological Criteria Related to Foods. CodexAlimentarius Commission，CAC/GL 21-1997.

② Standard for Luncheon Meat. CodexAlimentarius Commission，CXS 89-1981.

③ Standard for Cooked Cured Chopped Meat. CodexAlimentarius Commission，CXS 98-1981.

④ Guide for the Microbiological Quality of Spices and Herbs Used in Processed Meat and Poultry Products. CodexAlimentarius Commission，CXG 14-1991.

⑤ Guidelines for the Control of Campylobacter and Salmonella in Chicken Meat. CodexAlimentarius Commission，CAC/GL 78-2011.

⑥ Risk Assessments of Salmonella in Eggs and Broiler Chickens，JEMRA.

⑦ Risk Assessment of Campylobacter Spp. in Broiler Chickens，JEMRA.

⑧ Terrestrial Animal Health Code. OIE.

述。① CAC 发布的《腌制牛肉标准》规定，对于杀虫剂和兽药的限量标准都应符合 CXS 193-1995 中的限量规定，② 微生物标准应符合《食品相关微生物标准的建立和应用的原则和指南》（CAC/GL 21-1997）中的基本原则。③ 除了微生物标准外，CAC 还颁布了一项有关寄生虫的标准，即《养殖牛肉中牛肉绦虫的控制指南》（CAC/GL 85-2014），对牛肉绦虫的防控方法给出了具体描述。④

针对猪肉，CAC 除颁布了《牛肉和猪肉中非伤寒沙门氏菌防控准则》（CAC/GL 87-2016）对猪肉中非伤寒沙门氏菌关键控制点和防控方法进行具体表述外，还有一项专门针对野猪肉的寄生虫防控指南，即《野猪肉中旋毛虫的防治指南》（CAC/GL 86-2015）描述了旋毛虫防控办法。⑤

（二）欧盟

欧盟（European Union，EU）的食品安全相关法规由欧盟委员会和欧洲议会发布，欧盟委员会对食品安全的指导原则主要在《食品安全白皮书》中提出，即采用从农场到餐桌的综合方法，覆盖食物链的所有部门。其食品安全相关条例涉及方方面面，包括鲜活农产品、动物副产品、动物饲料、生物安全以及化学安全等。其中与肉与肉制品相关的主要是微生物安全和化学安全。⑥

化学安全方面，EEC 315/93 是欧盟食品中污染物的基础法规，法规主要包含三条基本原则：（1）含有从公共卫生角度，特别是毒理学角度不能接受的污染物的食品不得上市；（2）污染物水平应尽可能地低；（3）必须设立最高限量保障公共卫生。⑦

---

① guidelines for the control of nontyphoidal salmonella spp. in beef and pork meat. Codex Alimentarius Commission，CAC/GL 87-2016.

② Standard for Corned Beef. CodexAlimentarius Commission，CXS 88-1981.

③ Principles and Guidelines for the Establishment and Application of Microbiological Criteria Related to Foods. CodexAlimentarius Commission，CAC/GL 21-1997.

④ Guidelines for the control ofTaenia saginata in Meat of Domestic Cattle. Codex Alimentarius Commission，CAC/GL 85-2014.

⑤ Guidelines for the Control ofTrichinella spp. in Meat of Suidae. Codex Alimentarius Commission，CAC/GL 86-2015.

⑥ White Paper on Food Safety. Commission of the European Communities.

⑦ Council Regulation（EEC）No 315/93 of 8 February 1993 laying down Community procedures for contaminants in food.

欧盟委员会于 2006 年发布了食品中污染物的最高限量标准 EC 1881/2006，与肉类相关的有重金属、二噁英、多环芳香烃等。[1] 在兽药残留方面，欧盟于 2010 年发布了 EU 37/2010，其中规定了兽药残留的最高限量标准，所有兽药残留均与肉类相关，对某些特定兽药的残留标准具体到不同内脏。[2] 对于肉品中激素的残留，欧盟也给出了相应法规，1981 年，欧盟发布 Directive 81/602/EEC，禁止对农场动物使用促生长类的激素。[3] 对于杀虫剂残留，欧盟分别发布了 EC 839/2008、EU 2016/156、EU 2017/671、EU 441/2012、EU 500/2013、EU 765/2010，包含了不同杀虫剂在不同食物中的限量标准。[4][5][6][7][8][9]

---

[1] Commission Regulation（EC）No 1881/2006 of 19 December 2006 settingmaximum levels for certain contaminants in foodstuffs.

[2] Commission Regulation（EU）No 37/2010 of 22 December 2009 on pharmacologically active substances and their classification regarding maximum residue limits in foodstuffs of animal origin.

[3] Council Regulation（EEC）No 315/93 of 8 February 1993 laying down Community procedures for contaminants in food.

[4] Commission Regulation（EC）No 839/2008 of 31 July 2008 amending Regulation（EC）No 396/2005 of the European Parliament and of the Council as regards Annexes II, III and IV on maximum residue levels of pesticides in or on certain products.

[5] Commission Regulation（EU）2016/156 of 18 January 2016 amending Annexes II and III to Regulation（EC）No 396/2005 of the European Parliament and of the Council as regards maximum residue levels for boscalid, clothianidin, thiamethoxam, folpet and tolclofos-methyl in or on certain products.

[6] Commission Regulation（EU）2017/671 of 7 April 2017 amending Annex II to Regulation（EC）No 396/2005 of the European Parliament and of the Council as regards maximum residue levels forclothianidin and thiamethoxam in or on certain products.

[7] Commission Regulation（EU）No 441/2012 of 24 May 2012 amending Annexes II and III to Regulation（EC）No 396/2005 of the European Parliament and of the Council as regards maximum residue levels forbifenazate, bifenthrin, boscalid, cadusafos, chlorantraniliprole, chlorothalonil, clothianidin, cyproconazole, deltamethrin, dicamba, difenoconazole, dinocap, etoxazole, fenpyroximate, flubendiamide, fludioxonil, glyphosate, metalaxyl-M, meptyldinocap, novaluron, thiamethoxam, and triazophos in or on certain products.

[8] Commission Regulation（EU）No 500/2013 of 30 May 2013 amending Annexes II, III and IV to Regulation（EC）No 396/2005 of the European Parliament and of the Council as regards maximum residue levels foracetamiprid, Adoxophyes orana granulovirus strain BV-0001, azoxystrobin, clothianidin, fenpyrazamine, heptamaloxyloglucan, metrafenone, Paecilomyces lilacinus strain 251, propiconazole, quizalofop-P, spiromesifen, tebuconazole, thiamethoxam and zucchini yellow mosaik virus-weak strain in or on certain products.

[9] Commission Regulation（EU）No 765/2010 of 25 August 2010 amending Annexes II and III to Regulation（EC）No 396/2005 of the European Parliament and of the Council as regards maximum residue levels forchlorothalonil clothianidin, difenoconazole, fenhexamid, flubendiamide, nicotine, spirotetramat, thiacloprid and thiamethoxam in or on certain products.

（三）美国

美国食品安全管理机构主要为美国食品药品监督管理局（US Food and Drug Administration，FDA）和美国农业部（US Department of Agriculture，USDA）下属的食品安全检查局（Food Safety and Inspection Service，FSIS）。在标准制定方面，FSIS 主要负责制定肉、禽、蛋制品的安全和卫生标准，FDA 负责制定其他所有食品的安全和卫生标准，包括食品添加剂、防腐剂和兽药标准。

与其他国家不同，美国的食品安全标准并未单独列出，而是包含在美国联邦法律中，如比较综合性的法律《联邦食品、药品和化妆品法》。[①] 专门的肉类相关法律有《禽肉与禽肉制品监督法》，该法于 1957 年通过，授权美国农业部对家禽屠宰场及禽肉产品生产企业进行严格监督检查,[②] 《肉类监督法》授权美国农业部对家畜屠宰场及肉产品生产企业进行严格的监督检查。[③] 除了上述法律规范外，为了确保食品安全，FDA 网站上也列出了食品安全相关的实验室检测方法。化学分析手册（Chemical Analytical Manual，CAM）中包含了 FDA 食品项目化学方法验证指南确证过的化学方法，目前 FDA 也在采纳这种方法。其中包括丙烯酰胺、二噁英、三聚氰胺、放射性核素残留的相关指南，也包括金属、天然毒素、杀虫剂等残留的指南，这些指南中均列出了相应的限量标准。

微生物检测方法方面，FDA 食品项目微生物方法概要中包括细菌学分析手册（Bacteriological Analytical Manual，BAM），以及食品和饲料中致病微生物检测分析方法确证指南。[④] BAM 涵盖了常见的食源性细菌、真菌、病毒以及微生物毒素的检测方法，同时也包含了食源性寄生虫的检测方法。对于 BAM 中未涉及的微生物毒素检测方法，FDA 推荐参考 AOAC（Association of Official Analytical Chemists，官方分析化学师协会）官方分析方法。目前美国使用的 BAM 版本为第八版的修订版，该版本为 1998 年修订。

---

① Federal Food, Drug, and Cosmetic Act.

② Poultry Products Inspection Act.

③ Federal Meat Inspection Act.

④ Bacteriological Analytical Manual, FDA.

（四）澳大利亚和新西兰

澳新食品标准管理局（Food Standards Australia New Zealand，FSANZ）隶属于澳大利亚政府卫生部，是制定澳大利亚和新西兰食品标准的部门。1991 年国家食品管理局（National Food Authority，NFA）成立，同年国会批准了国家食品管理局法案，并在堪培拉建立 NFA 办公室。1995 年 12 月 5 日，澳大利亚和新西兰签署了建立联合食品标准体系的条约，此条约一直实行到 2000 年。1996 年 7 月 5 日，澳大利亚新西兰食品管理局（Australia New Zealand Food Authority，ANZFA）成立。同年澳大利亚政府理事会与新西兰总理签署了 Trans-Tasman Mutual Recognition Arrangement（TTMRA），该协议于 1998 年生效。随着立法的改变，加入了新成员的新的理事会成立，理事会拥有了制定政策的权力，ANZFA 也可以研发和采纳新的标准。2000 年 11 月 24 日，理事会采纳了澳大利亚新西兰食品标准联合法典，该法典于 12 月 20 日公示，并经历了 2 年公示期后生效。2002 年 7 月 1 日，随着新法典的实施，澳大利亚新西兰食品标准局成立。

澳大利亚新西兰食品标准，在 1991 年澳大利亚新西兰食品标准法框架内实施。食品标准法典的所有部分均适用于澳大利亚，但第 3 部分和第 4 部分不适用于新西兰。"澳新标准法典 2.2.1-肉与肉制品"部分，是专门针对肉与肉制品的标准，其中给出了所有肉制品的定义，具体的销售规格，标签应包含的信息，肉品来源等要求。对于化学物质的最高限量标准，两国有所不同。澳大利亚采纳的限量标准为"澳新标准法典-计划 20-最大残留限"。新西兰的最高限量标准为"ACVM Registration Standard and Guideline for Determination of a Residue Withholding Period for Veterinary Medicines"微生物限量标准方面，澳新均遵守"标准 1.6.1 食品中微生物限量"中的规定。

（五）中国

我国食品安全法律体系主要是以《食品安全法》为主导，其中食品安全标准是食品经营过程中必须遵守的技术法。《食品安全法》第二十六条规定了食品安全标准的范围，其中就包括食品及其相关产品中致病性微生物、农药残留、兽药残留、重金属和污染物质以及其他危害人体健康物质的限量规定，也包括食品生产经营过程的卫生要求，与食品安全有关的质量要求及其食品检验方法及过程等。

食品安全国家标准中与肉与肉制品相关的标准众多，其中《食品安全国家标准　鲜（冻）畜、禽产品》（GB 2707-2016）替代了原有的《鲜（冻）畜肉卫生标准》（GB 2707-2005）和《鲜、冻禽产品》（GB 16869-2005）中的部分指标，在原标准的基础上增加了术语和定义，修改了原料要求、感官要求和理化指标。规定农药残留应符合《食品安全国家标准　食品中农药最大残留限量》（GB 2763-2021），兽药残留应符合国家有关规定和公告。此外相关的微生物检测标准参考 GB 4789 系列。对于兽药残留标准，2020 年 4 月，国家市场监督管理总局、国家卫生健康委员会、农业农村部联合颁布了《食品安全国家标准　食品中兽药最大残留限量》（GB 31650-2019）。本标准替代农业部公告第 235 号《动物性食品中兽药最高残留限量》相关部分，规定了动物性食品中阿苯达唑等 104 种（类）兽药的最大残留限量；规定了醋酸等 154 种允许用于食品动物，但不需要制定残留限量的兽药；规定了氯丙嗪等 9 种允许治疗用，但不得在动物性食品中检出的兽药。该标准也适用于与最大残留限量相关的动物性食品。此外，标准中的技术要求包括：已批准动物性食品中最大残留限量规定的兽药；允许用于食品动物，但不需要制定残留限量的兽药；允许作治疗用，但不得在动物性食品中检出的兽药。由于药品种类较多，本书不一一列举。

另外食品安全国家标准中还单独列出了肉与肉制品中某些杀虫剂、兽药及化学物质的检测标准，主要包括：《食品安全国家标准　鸡肌肉组织中氯羟吡啶残留量的测定　气相色谱—质谱法》（GB 29699-2013）、《食品安全国家标准　肉及肉制品中 2 甲 4 氯及 2 甲 4 氯丁酸残留量的测定　液相色谱—质谱法》（GB 23200.104-2016）、《食品安全国家标准　肉及肉制品中乙烯利残留量的检测方法》（GB 23200.82-2016）、《食品安全国家标准　肉及肉制品中乙烯利残留量的检测方法》（GB 23200.82-2016）、《食品安全国家标准　肉及肉制品中残杀威残留量的测定　气相色谱法》（GB 23200.106-2016）、《食品安全国家标准　肉及肉制品中西玛津残留量的检测方法》（GB 23200.81-2016）、《食品安全国家标准　肉及肉制品中双硫磷残留量检测方法》（GB 23200.80-2016）、《食品安全国家标准　肉及肉制品中巴毒磷残留量的测定　气相色谱法》（GB 23200.78-2016）、《食品安全国家标准　肉及肉制品中吡菌磷残留量的测定　气相色谱法》（GB 23200.79-2016）、《食品安全国家标准　肉品中甲氧滴滴涕残留量的测定　气相色谱—质谱法》（GB 23200.84-2016）。

二、国内外肉与肉制品卫生操作规范

（一）国际食品法典委员会

针对肉与肉制品，涉及相关的操作规范 1 部，即《肉类卫生操作规范》（CAC/RCP 58-2005），该规范于 2005 年修订，是生肉、肉制品及人造肉从活体动物到零售过程中的卫生规范。规范根据风险评估结果，对食品链中的某些关键点进行控制，降低消费者患食源性疾病的风险。

该规范将肉类划分为有蹄类家畜、单蹄类家畜、养殖禽类、兔形目、养殖野味、养殖野禽（包括鼠类）、野生野味以及主管部门指定的其他动物。从初级产品到屠宰上市的整个过程进行了详细规范，并对操作人员的卫生规范进行了详细的描述。CAC 的肉类卫生操作规范中，将肉制品的生产加工过程进行了划分，包括初级产品、屠宰准备、屠宰过程等，同时也对不同来源的肉制品进行了区分。对动物来源、屠宰场所、屠宰器具、屠宰过程中用水、温度控制等都有详细规定。

（二）欧盟

为了保障肉制品的安全，欧盟制定了一系列条例，包括 EC No 178/2002（欧洲食品安全主管部门设立的食品安全法中的基本原则和要求，食品安全方面的程序）、[①] EC No 852/2004（食品卫生）、[②] EC No 853/2004

[①] Regulation （EC） No 178/2002 of the European Parliament and of the Council of 28 January 2002 laying down the general principles and requirements of food law, establishing the European Food Safety Authority and laying down procedures in matters of food safety.

[②] Regulation （EC） No 852/2004 of the European Parliament and of the Council of 29 April 2004 on the hygiene of foodstuffs.

（动物源性食品特别卫生条例）、① EC No 854/2004（供人类食用的动物源性产品管控组织的特别条例）、② EC No 882/2004（确保符合饲料和食品法中动物健康和动物福利条例的管控措施）。③

其中 EC No 178/2002，是欧洲议会和理事会于 2012 年 1 月 28 日出台的，为保障消费者安全，制定了食品安全的基本原则并规定了食品安全主管部门的责任。2004 年 4 月 29 日，欧洲议会和理事会发布了 EC No 852/2004，详细描述了食品经营者在食品安全方面的基本规定。同年发布的 EC No 853/2004，是对动物源性食品的特别规定，其中包括自食用家畜初级产品、自食用家畜的准备、处理和储存，小规模饲养直供零售的初级产品，小规模饲养直供零售的新鲜禽肉和兔肉，以及捕猎所得直供零售的野生动物或其肉类。对生产加工的各个环节都进行了具体的规定：（1）送去屠宰的动物不能有疫病；（2）屠宰场所须有相应的卫生设施，有可以将疑似患病动物隔离的空间，且应有足够空间保障动物福利；（3）为了避免污染肉品，屠宰时应将胃肠放到单独房间处理，且应该按照一定程序处理，即击晕放血、去毛、取出内脏、处理肠胃、处理其他内脏、包装内脏、分割肉，除此之外，还要清洗墙壁和地面；（4）内脏的运输存放温度不得超过3℃，肉类不超过7℃。

（三）美国

FDA 制定了《食品法典》（*Food Code*）供美国各州参考制定本州的具体规定，该规范内容非常详细，包括了食品加工及流通的各个环节，同时对从业人员的规定也非常详细。④ 除此之外，《食品安全现代化法》（*Food Safety Modernization Act*，FSMA）中也包含了多种食品生产加工的食品安全

---

① Regulation （EC） No 853/2004 of the European Parliament and of the Council of 29 April 2004 laying down specific hygiene rules for food of animal origin.

② Regulation （EC） No 854/2004 of the European Parliament and of the Council of 29 April 2004 laying down specific rules for theorganisation of official controls on products of animal origin intended for human consumption.

③ Regulation （EC） No 882/2004 of the European Parliament and of the Council of 29 April 2004 on official controls performed to ensure the verification of compliance with feed and food law，animal health and animal welfare rules.

④ Food Code. FDA.

指南，这些指南包含了食品生产加工及运输的各个环节。

FDA 虽然发布了很多关于食品生产加工的相关指南，但这些指南都是概括性的，没有具体指肉类。美国的肉类和家禽的监督主要由 FSIS 负责，因此肉类相关的专项指南也主要由该机构发布。2005 年以来，FSIS 发布的肉类相关指南共有 41 项，这些指南包含了肉类加工的各个环节，包括养殖、屠宰、包装、贴标签、销售以及烹饪等。此外，除了保障食品安全的相关指南，FSIS 还发布了营养相关的指南。与食品安全最为相关的指南为《肉类与家禽危害因素及控制指南》（FSIS-GD-2018-0005），该指南于 2018 年 3 月发布，指南中包含了肉类产业中所有的生产步骤，其中也列举出了所有生物性、物理性、化学性危害，并给出了每一步的具体防控方法。[①] 此外，FSIS 在这份指南中分别单独列举了牛、猪和家禽的屠宰步骤，屠宰过程中可能会有的有害物质及其防控方法，另外，对于常见问题，指南中也列出并逐一回答。2014 年 FSIS 发布了《FSIS 关于小型及微型企业生产的肉干及家禽肉干的合规指南》，这份指南是用于协助小型及微型企业的肉干生产符合 FSIS 要求。[②] 该指南中不但列出了肉干的生产加工详细步骤，也给出了具体的每个步骤中可能会发生的食品安全问题及解决方法。FSIS 发布的指南中也有专门针对某种特定微生物的，如 FSIS-GD-2014-0001，即食食品中的单增李斯特菌防控相关指南。[③]

（四）澳大利亚和新西兰

澳大利亚的食品相关规范均在澳新食品标准法典中体现。此外，FSANZ 还出版了《安全食品澳大利亚—食品安全标准指南》，共包含 5 个章节，其中 3.1.1、3.2.2 和 3.2.3 适用于澳大利亚所有的食品企业，设置基本要求以降低食品安全风险。此外，为了便于更好地理解上述三个章节，Safe Food Australia 也给出了相应的解释，包括预期的食品安全成果。3.1.1 给出了食品标准中出现的名词的定义。3.2.2 中描述了具体的食品安全措施

---

① Meat and Poultry Hazards and Controls Guide, FSIS.

② FSIS Compliance Guideline for Meat and Poultry Jerky Produced by Small and Very Small Establishments, FSIS.

③ ControllingListeria monocytogenes in Post-lethality Exposed Ready-to-Eat Meat and Poultry Products, FSIS.

和要求，对食品生产加工的各个环节的相应要求都有具体解释。3.2.3 则是对食品企业的设施的具体要求，如食品用水要求、污水处理要求、设备仪器、仓库等设施的空间及卫生要求等。另外，1.6.2 加工要求中对风干肉、鳄鱼肉、野味肉、发酵的加工肉末等的加工温度等给出了明确要求。对于肉与肉制品，2.2.1 中给出了具体的不同肉制品的概念以及标签标准。

（五）中国

《食品安全管理体系肉及肉制品生产企业要求》（GB/T 27301-2008）规定了肉及肉制品生产企业食品安全管理体系的特定要求，包括人力资源、前提方案、关键过程控制、检验、产品追溯和撤回。结合 GB/T 22000 适用于肉及肉制品生产企业建立、实施与自我评价其食品安全管理体系，也适用于对此类生产企业食品安全管理体系的外部评价和认证。《食品安全管理体系食品链中各类组织的要求》（GB/T 22000-2006）规定了食品安全管理体系的要求，以便食品链中的组织证实其有能力控制食品安全危害，确保其提供给人类消费的食品是安全的。本标准适用于食品链中所有方面和任何规模的、希望通过实施食品安全管理体系以稳定提供安全产品的所有组织。组织可以通过利用内部和（或）外部资源来实现本标准的要求。《肉制品生产管理规范》（GB/T 29342-2012）规定了肉制品加工的术语和定义、总则、文件要求、原料、辅料、食品添加剂和包装、厂房和设施、设备、人员的要求及管理、卫生管理、生产过程管理、质量管理和标识的要求。

三、国内外大型活动肉与肉制品标准现状及建议

（一）大型活动肉与肉制品标准现状

2008 年北京奥运会期间，我国针对奥运食品安全出台了相应的指导性文件《奥运会食品安全执行标准和适用原则》。其中规定禽肉需执行《食品中农药最大残留限量》（GB 2763-2005）、《农产品安全质量无公害畜禽肉产品安全要求》（GB 18406.3-2001）、《鲜、冻禽产品》（GB 16869-2005）、《动物性食品中兽药最高残留限量》（中华人民共和国农业部公告第 235

号）。牛肉及猪肉需执行《鲜（冻）畜肉卫生标准》（GB 2707-2005）、《农产品安全质量无公害畜禽肉产品安全要求》（GB 18406.3-2001）、《动物性食品中兽药最高残留限量》（中华人民共和国农业部公告第 235 号）。对于熟肉制品以及腊肉制品，执行《熟肉制品卫生标准》（GB 2726-2005）、《腌腊肉制品卫生标准》（GB 2730-2005）。

2022 年北京冬奥会我国也出台了相应的规定，冬奥组委针对包括猪肉、牛肉、羊肉、鸡肉、鸭肉、鸡蛋、乳制品、水产品、蔬菜、果品在内的农产品、水果干果和生产加工产品 3 大类食品，制定了 17 项餐饮原材料供应基地规范标准，以保障冬奥期间食品绝对安全。

2009 年英国发布了"London 2012 Food Vision"，指出了伦敦 2012 年奥运会和残奥会组织者通过食品采购和提供餐饮服务达成健康、多样化以及可持续性。此外，伦敦奥运会发布了可持续食品标准。

2020 年日本东京奥运会期间，日本政府出台了多个指南保障东京 2020 年奥运会期间的食品安全。《确保东京奥运会食品及饮料安全的指南》给出了供给东京 2020 年奥运会的食物及饮料的加工、准备、储藏、销售及运输指导。指南规定，供应商需遵守《食品消毒法案》《食品标签法》以及地方政府的相关管理条例等。制定了《大型食品加工设施卫生管理手册》，目的是避免大型食品服务设施中的食物中毒，解释在食品制备过程中基于HACCP 的关键控制点，包括：严格控制原材料的购买和初加工；加热食品以消除可能导致食物中毒的细菌和病毒；预防熟食及生食食物的交叉污染；全过程控制原料和熟食的温度，避免引起食物中毒的细菌滋生。制定的《食品相关经营者需遵守的管理及操作标准指南》包括"使用危害分析和关键控制点方法时所用标准"以及"不使用危害分析和关键控制点方法时所用卫生管理准则"。

（二）建议

大型活动相关的食品安全标准应在本国的相关食品安全法律框架内，参照相关的国家标准、地方标准以及行业标准进行制定。如东京奥运会，规定除了应符合相关国家法律外，还要求遵守地方法律。我国的标准组成较为复杂，除了国家标准外，还有地方标准、行业标准以及团体标准，另外还有相关的指南，大型活动期间标准应参照上述相关所有标准，综合考量实用性和必要性，制定出适合该大型活动的相关指南。充分利用快检技术，在保障准确度的基础上，提高检测速度，更有效率的完成食品安全各环节保障工作。此外，大型活动相关的食品安全指南应充分考虑从田头到餐桌、从场所到人员、从制作到供应的各个环节，指南的制定应力求涵盖全链条、全环节，实现食材、人员、环境的全方位监管，为食品安全全面保障提供依据。

第六章　肉与肉制品食品安全风险监测

食品安全无小事，随着国内外经济社会的快速发展，人们生活得到了很大的改善，食品、餐饮类消费领域也得到了前所未有的发展。但随着食品行业的快速发展，食品安全问题也逐渐增多，给人们的身体健康带来了严重影响，因此食品安全保障工作也成为人们关注的重点问题。基于人民群众对食品安全的更多期待，要求食品检验部门更加重视食品监测工作，持续加强食品安全监管，不断提高食品安全监测能力。食品安全风险监测工作的有效开展能够显著提高食品质量安全水平，提高风险防控能力，切实保障食品安全，确保人们"舌尖上的安全"。

目前，我国经济迈向高质量发展阶段，中国经济同世界经济联系更加紧密，各种大型政治、经济、文化、体育类活动日益增多。为保障大型活动中的食品质量，有效开展食品检验工作，完善食品检验与安全管理体系，做好食品安全风险监测，对促进食品安全和保障活动顺利开展有着重要意义。

一、我国食品安全法与食品安全风险监测

（一）中华人民共和国食品安全法的发展历程

新中国成立 70 多年以来，伴随着社会政治经济的快速发展，食品安全法经历了一个萌芽、准备、发展、成熟及逐步完善的发展阶段。

中华人民共和国成立初期，由于国家刚经历多年战乱，国家经济濒临崩溃，商业资本不足。国家着重关注经济复苏，人们主要关心温饱问题，

尚未对食品安全有所认识和关注。在 1949~1963 年之间，国家仅发布了一些关于某一食品中某个项目的标准、规定或文件。直至 1964 年，国务院转发了卫生部、商业部等五部委发布的《中华人民共和国食品卫生管理试行条例》。1965 年 8 月 17 日，国务院正式颁布实施了《食品卫生管理试行条例》，该条例是我国首部关于食品卫生的法律法规。该条例的颁布标志着我国食品卫生管理从原有的单项管理转化成全面管理，向法制化管理迈出重要一步。1979~1992 年，随着改革开放，以及城乡集贸市场的迅速发展，民众的温饱问题基本得到解决，开始对食品的质量安全有所需求，在这种经济背景之下，1979 年 8 月 28 日，国务院废止了《食品卫生试行条例》，颁布了《中华人民共和国食品卫生管理条例》，进一步加强了食品卫生法制化管理的力度。1982 年 11 月 19 日，第五届全国人民代表大会常务委员会第二十五次会议又通过了《中华人民共和国食品卫生法（试行）》。该法标志着中国食品卫生管理全面进入法制化和规范化的轨道。1995 年 10 月 30 日第八届全国人大常委会第十六次会议正式通过《中华人民共和国食品卫生法》，该法是新中国第一部食品卫生法律，其诞生标志着食品卫生法制化的成熟。该法将食品卫生法律、行政规章、地方性法规、食品卫生标准以及其他规范性文件有机地联系起来，形成了全面的食品卫生法律制度体系。2009 年至今，随着社会经济的飞速发展，人民生活水平不断提高，食品安全问题也层出不穷，食品安全关系到国家和社会的稳定发展。在此背景之下，《食品卫生法》几经研讨、修改、征询等环节最终形成了《食品安全法》（草案），后经多次审议，最终于 2009 年 2 月 28 日审议通过。2009 年 6 月 1 日，《中华人民共和国食品安全法》正式实施，《中华人民共和国食品卫生法》同时废止。《中华人民共和国食品安全法》是在以前食品卫生法的基础上，超越了原来停留在对食品生产、经营阶段发生的食品卫生问题进行规定，涵盖了"从农田到餐桌"的全过程，进一步完善了食品安全法律，形成了更为科学的体系。该法的诞生是我国食品安全工作的重要里程碑，标志着我国食品安全工作进入了崭新的时期。随着经济社会的快速发展，食品安全形势十分严峻，食品安全法无法有效遏制层出不穷的食品安全事件，需进一步完善修订。2013 年《食品安全法》修订工作启动，于 2015 年 10 月 1 日施行修订后的《食品安全法》，新《食品安全法》在篇幅和内容上均有大幅扩展——条款从 104 条增加至 154 条，字数从 1.5 万字增加至将近 3 万字。2018 年国务院实施机构改革，为配合机构改革，适应新监管机制下的运作，《食品安全法》根据 2018 年 12 月 29 日第十三届全国人民代表大会常务委员会第七次会议《关于修改〈中华人民共和国产品质量法〉等五部法律的决定》第一次修正，根据 2021 年 4 月 29 日第十三届全国人民代表大会常务委员会第二十八次会议《关于修改〈中华人民共和国道路交通安全法〉等八部法律的决定》第二次修正。

总之，《食品安全法》是根据我国社会与经济发展状况，并与食品安全动态趋势相适应而发展、成熟、完善的。没有任何一部法律能够完善到毫无漏洞，总是在某个阶段或者某种背景下，存在或多或少的问题亟待解决和调整，应在施行和实践过程中，总结经验，凝集智慧，为下一步修订完善提供有力支撑。

（二）食品安全法与食品安全风险监测

随着经济社会发展，人民对生活品质的要求日益提高，食品安全问题成为近二十年来社会关注的焦点问题。食品安全关系到国家和社会的稳定，影响着经济平稳顺利发展。在此背景下，《中华人民共和国食品安全法》应运而生。

2009 年 2 月 28 日，第十一届全国人民代表大会常务委员会第七次会议通过《中华人民共和国食品安全法》。该法 2009 年 6 月 1 日正式实施。该法第十一条明确提出了"国家建立食品安全风险监测制度，对食源性疾病、食品污染以及食品中的有害因素进行监测。国务院卫生行政部门会同国务院有关部门制定、实施国家食品安全风险监测计划。省、自治区、直辖市人民政府卫生行政部门根据国家食品安全风险监测计划，结合本行政区域的具体情况，组织制定、实施本行政区域的食品安全风险监测方案。"自此我国首次在国家层面建立了食品安全风险监测制度。该法第十二条提及"国务院农业行政、质量监督、工商行政管理和国家食品药品监督管理等有关部门获知有关食品安全风险信息后，应当立即向国务院行政部门通报。国务院卫生行政部门会同有关部门对信息核实后，应当及时调整食品安全风险监测计划"。该条规定了各部门针对食品安全风险监测工作的实施方式和程序。

2015 年修正的《食品安全法》① 第十四条又进一步明确了监测目标、部门、实施方式，对风险监测提出了具体要求："国务院卫生行政部门会同国务院食品药品监督管理、质量监督等部门，制定、实施国家食品安全风险监测计划"，"对有关部门通报的食品安全风险信息以及医疗机构报告的食源性疾病等有关疾病信息，国务院卫生行政部门应当会同国务院有关部门分析研究，认为有必要的，及时调整国家食品安全风险监测计划"。该法十五条对食品安全风险监测的承担机构任务要求和采集方式都作出了明确规定："承担食品安全风险监测工作的技术机构应当根据食品安全风险监测计划和监测方案开展监测工作，保证监测数据真实、准确，并按照食品安全风险监测计划和监测方案的要求报送监测数据和分析结果。食品安全风险监测工作人员有权进入相关食用农产品种植养殖、食品生产经营场所采集样品、收集相关数据。采集样品应当按照市场价格支付费用。"该法第十六条对于产生的监测结果的后续任务也给出了明确的阐述："食品安全风险监测结果表明可能存在食品安全隐患的，县级以上人民政府卫生行政部门应当及时将相关信息通报同级食品药品监督鼓励等部门，并报告本级人民政府和上级人民政府卫生行政部门。食品药品监督管理等部门应当组织开展进一步调查。"该法第二十条又明确了监测信息的共享机制问题："省级以上人民政府卫生行政、农业行政部门应当及时相互通报食品、食用农产品安全风险监测信息"。

2019 年修正的《食品安全法》中有关食品安全风险监测方面的修订内容，因国务院机构改革和职能转变的原因，仅仅是将"食品药品监督管理、质量监督等部门"修订为"食品安全监督管理等部门"，其他有关食品安全风险监测的内容较 2015 年版均无变化。根据 2021 年 4 月 29 日第十三届全国人民代表大会常务委员会第二十八次会议《关于修改〈中华人民共和国道路交通安全法〉等八部法律的决定》，《食品安全法》进行了第二次修正，仅将第三十五条第一款进行了修正。

由上述可知，我国将食品安全风险监测上升到了法律层面。《食品安全

---

① 《中华人民共和国食品安全法》，中华人民共和国主席令第二十一号，2015 年 4 月 24 日第十二届全国人民代表大会常务委员会第十四次会议修订。

法》规定食品安全风险监测对象为食源性疾病、食品污染以及食品中有害因素。《食品安全法》规定监测主体机构是国务院卫生行政部门，同时《食品安全法》规定卫生行政部门与其他相关部门信息共享、信息互通，以此应对突发的食品安全事件和情形，及时调整监测计划，保障监测任务的完成。《食品安全法》规定了各级政府如何开展本级区域的食品安全风险监测工作，阐述了监测工作的实施流程和采样方式，并就食品安全风险监测工作结果表明存有隐患的情形各级政府应如何通报等内容作了规定。《食品安全法》较为全面地针对食品安全风险监测作了具体规定，为保障我国食品安全风险监测工作的贯彻落实提供了强有力的法律依据。

（三）我国食品安全风险监测项目

食品安全风险监测是通过系统和持续地收集食源性疾病、食品污染物以及食品中有害因素的监测数据及其相关信息，并进行综合分析和及时通报的活动。我国食品安全风险监测工作的技术支撑主要来源于全国食品污染物监测网络、全国食源性致病菌监测网络和总膳食研究（TDS），简称"两网一总"。

20 世纪 70 年代世界卫生组织（World Health Organization，WHO）、粮农组织（United Nations Food and Agriculture Organization，FAO）与联合国环境规划署（United Nations Environment Programme，UNEP）就联合发起了全球环境监测规划/食品污染物计划（GEMS/Food）。我国是该计划项目的参与国。早从 1990 年开始我国就经过近 3 年时间，通过组织全国 12 个省、直辖市、自治区首次成功地开展了中国总膳食研究。1992 年又在相同地区开展了第二次总膳食研究。为了完善我国食品安全体系，摸清"家底"，掌握我国食品污染状况，在科技部"十五"攻关课题和原卫生部的资助和主持下，我国于 2000 年和 2002 年开始构建全国食品污染物和食源性致病菌监测网。同时，全国总膳食研究继续开展，至此"两网一总"成为我国食品风险监测的主要手段和数据支撑来源。截至 2009 年，全国食品化学污染物监测区域从 2000 年的 9 个省发展到 2009 年的 16 个省，覆盖我国人口的 60%以上，监测机构也逐年增加，截至 2009 年参与监测的机构达到 178 家。监测的食品类别包括 14 大类、60 小类、400 个品种，监测的化合物项目达

129 种，截至 2009 年年底，获得了 105 万个数据。食源性致病菌监测区域从 2000 年的 10 个发展到 2009 年的 22 个，致病菌类别也从仅包括单核细胞增生李斯特菌、沙门氏菌和 O157：H17 大肠埃希菌扩增到卫生指示菌和 9 种食源性致病菌，样品量提升到 19000 个，监测的食品类别涵盖了肉与肉制品、蛋与蛋制品、乳与乳制品等。总膳食研究在 2009 年之前也分别经历了 1990 年、1992 年、2000 年和 2007 年四次总膳食研究。总膳食研究将中国合成 4 个大区，每个大区 3 个省，采用混合食品样品法，食品类别 12 类。第一次总膳食研究只针对成年男子这一个膳食组，检测的项目共 11 大项 96 小项，后随着总膳食研究的滚动进行，增加了不同年龄组和不同季节的研究，逐渐建立了适合中国的 TDS 方法，探索出适合开展 TDS 的季节以及分组特征。第三次总膳食研究除却混合样品外，还保留了单独的样品，便于精准膳食暴露评估，同时也在原有基础上扩展了新兴的和关注度比较高的有机污染物。2007 年第四次总膳食将按 4 个大区混合食物样品得到的"菜篮子"样品改变为仅混合到省级水平，混合样品由原来的 48 份扩大到按省混合的 144 份，检测项目进一步扩展。

　　2009 年随着食品安全问题备受关注，《食品安全法》颁布，食品风险监测工作提升到法律层面。随着一系列法律法规的颁布与实施，食品安全风险监测正式成为我国一项重要的法定工作，此后我国食品风险监测工作迈入了新的发展阶段。2010 年年底我国首次实现了在全国 31 个省（自治区、直辖市）和新疆生产建设兵团开展食品污染和有害因素监测、食源性疾病监测，主动开展了高风险食品原料、配料和食品添加剂的动态监测，扩大了检测范围，监测环节覆盖到食品生产、流通和消费的各个环节。2011 年建立了 8 个食品安全风险监测实验室，监测项目包括：食品中非法添加物、真菌毒素、农药残留、兽药残留、有害元素、重金属、有机污染物及二噁英。截止到 2022 年，国家设立了 27 个监测参比实验室为质量控制中心，建立覆盖城乡的食品安全风险监测体系，为食品安全风险监测的质量提供保障。同时国家设立 20 个食品领域参比实验室，覆盖所有监测领域，担负着新项目新技术的建议提出，为制订更专业的监测计划组成智慧团队。随着监测工作一年一年地开展，监测点不断增加，监测区域覆盖更广。截止到 2019 年年底，食品安全风险监测网已经覆盖了全国 99.13% 的区县级行政区域，22个省实现了全覆盖，其余省均在95%以上。监测的食品类别也从最初的14大类扩展到2019年的30大类，涵盖了粮食、蔬菜、水果、肉与肉制品、水产及其制品、乳与乳制品、坚果、食用菌等食品，同时还包括了食品添加剂和食品接触材料。监测项目也从最初的150项扩展到2019年的1011项。其中化学污染物和有害因素监测包括元素、生物毒素、农药残留、兽药残留、有机污染物、食品加工贮藏产生污染物、禁限用物质、食品接触材料污染物和其他污染物共9类，合计985项指标；微生物及其致病因子监测包括致病菌、卫生指示菌、寄生虫和病毒等5类，合计35项指标，基本涵盖了当前食品中健康风险较大的指标。自依法开展食品污染监测以来，已积累并建立了超过2400万个数据的食品污染大数据库。全国食品安全风险监测逐渐形成了从国家、省、市，并延伸到县的四级层级架构，监测环节逐步覆盖了生产、流通和消费等各个环节。同时，监测形式以常规监测为主，专项或应急监测并行，并根据食品安全事件的动态发展，实施调整监测计划，及时掌握食品安全风险状况。

总膳食研究于2009～2015年开展了第五次总膳食研究的现场工作，2016年完成了实验室检测和数据分析汇总。第五次总膳食研究将4大区12省扩大至4大区20省，第六次总膳食扩展至24个省，保留了混合样品和单独样品保存方式。时间跨度变为五年一次，检测项目进一步扩大。

"两网一总"的数据支撑系统在2009年后均有了长足发展，在法律框架和法律条例的支撑下，监测工作更加规范化、全面化、系统化，为食品风险评估提供有质量保障的数据。

二、国外食品安全风险监测项目

（一）WHO监测体系

1. GEMS/Food

1976年，世界卫生组织、粮农组织与联合国环境规划署共同努力设立了全球环境监测系统/食品项目（GEMS/Food），旨在掌握各成员国食品污染状况，了解食品污染物的摄入量，保护人体健康，促进贸易发展。参与国有 70 多个,我国也是参与国之一。

GEMS/Food 体系要求每个成员国根据本国国情进行食品污染物的监测工作,并根据各个国家的实验室能力水平制定了不同监测水平的参考目录(核心名单、中等名单和全面名单)。2021 年 7 月在其官方网页中说明目前世界上有 30 多个合作中心和机构参与其中。在监测方面以两种监测形式开展工作:一种是食品中污染物长期滚动的监测项目,获得食品中污染状况和趋势,以达到风险预警的目的;另一种为总膳食研究,通过对居民膳食中污染情况进行调查,以获得居民膳食中污染物暴露水平较为精准的评估。因监测形式不一,所以数据收集方面涵盖两种污染数据库,其中包括一般食品污染物数据库和总膳食数据库,各个会员可以通过分析实验室操作程序 I、II、III(Operating Program for Analytical Laboratories,OPAL)将数据上报给相关组织,将数据汇集到相应数据库中,以便于数据的储存和分析。同时 WHO 建立了消费量数据库,该数据库对 183 个国家的 13 种膳食模式和食物消费模式进行了概述。WHO 将监测数据分成七个区域,分别为:欧洲地区、美洲地区、西太平洋地区、欧盟、非洲地区、东地中海地区、东南亚地区,累计数据 800 万以上。监测的污染物包括镉、汞、铅、毒素等,监测数据库中的食品类别为 24 大类,涵盖了谷类和谷类制品、蔬菜及蔬菜制品、淀粉根块茎类、豆类植物和豆类制品、坚果和油籽、水果及水果制品、肉和肉制品(包括可食用副产品)、鱼和其他海产品(包括两栖动物、爬行动物、蜗牛和昆虫)、乳与乳制品、蛋与蛋制品、糖和糖果类(包括可可制品)、动植物油脂(不包括牛油)、水果汁和蔬菜汁、非酒精饮品(不包括牛奶、蔬果汁、水和兴奋剂)、酒精饮料、饮用水(除二氧化碳外不含任何添加剂的水,包括饮用冰水)、香草、香辛料和调味品、婴幼儿食品、特殊营养用途食品、复核食品(包括冷冻食品)、点心和甜点、兴奋性饮料(干基或稀释,不包括可可产品)、动物饲料、其他食品。

2. GSS-GFN

早在 2000 年 WHO 就启动了全球沙门氏菌监测网络项目(WHO Global Salmonella Surveillance and Laboratory Support Project,WHO GSS),旨在加强成员国对沙门氏菌的检测和预警能力,并提升国际沙门氏菌监测水平。该项目会进行技术培训、实验室间的质量控制,提供实验室和流行病学的培训手册、参比实验室等技术信息和技术支持。2003 年该项目不仅只专注在沙门氏菌，还将项目继续扩展到其他食源性微生物，后发展成现今的全球食源性感染网络（Global Foodborne Infections Network，GFN）。该项目旨在建设整体监测能力，促进人类健康、兽医、食品和其他相关部门之间的合作。该项目通过对成员国实施国际间培训活动，定期组织实验室培训，包括病原体的分离和鉴定（如沙门氏菌、弯曲杆菌、大肠杆菌、霍乱孤菌、伤寒沙门氏菌、布鲁氏菌、志贺氏菌、李斯特菌、肉毒杆菌等）、生物安全和质量保证体系；同时也组织开展流行病学培训和联合实验室等。2011 年公开发表的文献提到，该项目在 18 个地区开展了 74 个国际课程，对 140 个国家 1200 多名微生物学家和流行病学家进行了培训，180 个实验室参加了这个项目。该项目注重加强成员国的整体性、数据收集、实验室质控，提高了各成员的食源性疾病监测的水平和能力。

（二）欧盟监测体系

欧盟建立了统一完善的食品安全法律体系，食品安全风险监测工作均是在具有法律效力的指令下进行的。欧盟委员会将残留监控的技术规范转变为污染物监控指令和执行法令，其中包括根据指令 EC/23/96 和 EC/22/96 的框架下进行国家动物源食品残留物质监测。2004 年成立欧洲食品安全局，更有利于制订欧盟统一的食品安全监测方案。在第 EC178/2002 号条例第 31 条的框架内，欧盟委员会要求欧洲食品安全局协助编写国家动物源残留监测结果的技术报告。

EC/396/2005 法规要求欧盟成员国参与欧洲多年度内部合作农药控制计划（EU-coordinated Multi Annual Pesticide Control Program，MACP）。每年向欧洲食品安全局提供数据，食品安全局向欧洲消费者提供具有代表性的农药残留数据。欧盟同时还针对食品中存在的潜在高风险项目进行监测，譬如丙烯酰胺、全氟化合物、呋喃、二噁英、恶霜灵等监测项目。针对食源性疾病监测，欧洲各国也建立了相应的监测系统和监测网络：欧洲 17 个国家 1994 年在欧共体的资助下共同组建了沙门氏菌、产志贺样毒素的大肠杆菌监测网（Enter-Net），该监测网主要进行沙门氏菌和产志贺样毒素的大肠杆菌 O157 及其耐药性的国际性监测。因 Enter-Net 促成了国际间针对食

源性疾病事件信息交流的通畅，加快了公共卫生行动的速度，有效提供了
处置事件的效率，吸引了其他地区国家的加入，如日本、加拿大、澳大利
亚及新西兰等国家。欧洲有些国家也分别建立了各自的食源性疾病监测系
统，如丹麦 1996 年起建立的 DanMap 监测网，针对沙门氏菌、弯曲菌、小
肠结肠炎耶尔森菌、李斯特菌、产志贺样毒素的大肠杆菌、可传染的海绵
状脑病、隐孢子虫、结核分枝杆菌、牛分枝杆菌、布氏杆菌、钩端螺旋体、
旋毛虫、绦虫、弓形体、鹦鹉热、狂犬病等项目进行监测。

　　欧盟监测体系与 GEMS/Food 体系并不冲突。为满足 WHO 欧洲地区工
作需求，促使欧洲地区国家参与到 GEMS/Food 体系中，1991 年 GEMS/Food
欧洲体系（GEMS-Food—Europe）建立，旨在协调欧洲食品安全监测制度。
Europe 监测组织是相互协调的，均是要求每个国家将监测数据上报给该组
织，以便更好地了解欧洲地区的食品中污染物污染状况。每个国家都有自
己国家的食品安全机构，并开展各自的食品安全风险监测。以德国为例，
德国的食品安全机构为联邦食品、农业和消费者保护部（BMEL），联邦风
险评估研究所（BfR），联邦消费者保护和食品安全局（BVL）。BMEL 的主
要职责是领导德国联邦的食品安全管理，拟定食品安全领域的法律草案和
颁布法令，制订与组织协调全国监控计划、转化欧盟相应法规；BfR 的工作
职责是在不受政治或社会利益影响的前提下，以科学为基础开展风险评估，
并提供政策；BVL 的重点工作是风险管理，BVL 与联邦各州共同协调食品
监察和监控项目，确保德国 16 个联邦州监测结果的准确性和可比性。德国
的食品安全监测是根据《德国食品和饲料法典》（LFGB）第 50~52 条官方
控制框架内进行的一项独立的法定任务。《德国食品和饲料法典》第 51 条
规定了监测的执行情况。联邦政府和联邦各州每年制订监测计划，该计划
详细规定了需要检验的产品、物质以及联邦各州监测分析的分布情况，为
参与实验室提供一份监测手册，作为实际监测指南。除了例行的监控任务
外，联邦各州的监测机构还负责以监测为目的的样品采集和样品分析。监
测方案获得的数据由 BVL 汇编和评估，调查结果发表在年度监测报告中。
德国的监测方案包罗了食品、化妆品、日常消费品等，基于风险评估为目
的来选定具有代表性的食品和监测项目，进行长期的年度监测。以 2021 年
德国监测为例，2021 年德国监测体系共包括食品类别 8219 个检测、化妆品

640 个检测、日常消费品 603 个检测。监测的食品类别包括动物源食品 13 种、植物源食品 27 种，检测的项目包括：植物保护杀菌残留剂、毒性反应产物（丙烯酰胺、氯丙醇、呋喃等）、有机污染物（二噁英、多氯联苯、全氟化合物等）、兽药残留、元素、真菌毒素和亚硝酸盐等。监测的数据结果将用于暴露问题和风险分析，数据结果将传送于 BfR 进行风险评估，同时也传送欧盟、世卫组织。

（三）北美监测体系

1. 美国

美国食品风险监测体系较为复杂，各部门均有参与。针对食品化学污染监测，美国食品药品监督管理局（FDA）和美国农业部（USDA）均为主要的负责机构。

（1）FDA 监测项目。FDA 管辖的食品范围是除 USDA 下属的食品安全检验局（Food Safety and Inspection Service，FSIS）管辖的肉、禽、蛋类之外的食品。FDA 主要负责的食品监测项目为农药残留监测程序（Pesticide Residue Monitoring Program），同时还利用总膳食调查形式对能够代表美国平均消费膳食水平的食品进行农药残留监测。FDA 的农药残留监测项目是用于监测国内和进口食品中农药残留水平的合规项目，确保其不超过 EPA 制定的限量和容许量。该监测项目覆盖了较为广泛的食品样品，并使用多残留检测方法，一次约分析检测 800 个农药化合物，同时也选用了选择性监测方法检测多残留监测未能监测的化合物。以 2021 年电子报告为例，共监测 2180 个样品，其中 2078 个样品为人类消费的食品，102 个为动物食品，监测的农残项目达 747 个项目。FDA 的农药残留监测数据自 1987 年开始每年均有发布，1987~1993 年度报告发表在国际分析化学家协会（AOAC）期刊上，1993~1994 年度报告既发表在期刊上，又可在线查阅。1995 年后的年度报告均可在线查询。总膳食研究是美国食品安全风险监测的另外一种形式。美国 1961 年开始开展的总膳食研究，起初只针对食品中发射性污染物，后发展至今已经包括营养元素、重金属、农药残留和其他污染物。

（2）USDA 监测项目。USDA 下设多个公共卫生机构——农业市场服务部（Agriculture Marketing Service，AMS）、农业研究局（Agricultural Research

Service，ARS)、食品安全检验署（Food Safety Inspection Service，FSIS）和动物植物卫生检验署（APHIS）。

①农药残留监测。自1991年起，美国AMS就负责设计和执行农药监测项目（Pesticide Data Program，PDP），收集农药残留数据。该监测项目提高了数据质量，尤其侧重于婴幼儿和儿童食品。2021年开展的监测项目为第31次监测年度，采样点来自9个州：加利福尼亚州、科罗拉多州、佛罗里达州、马里兰州、密歇根州、纽约州、俄亥俄州、得克萨斯州和华盛顿州。采样程序是按照一个非常严格的统计学设计而执行的，确保数据的可靠，用于暴露评估研究。该样品的采集主要依据EPA的需求，采集数量基于各州的人口基数。2021年共采集样品10127份，水果和蔬菜占比94%。PDP的数据主要是用于风险评估，所以检测方法更为灵敏，可检测远低于EPA限量的低水平含量的检测。数据结果年度报告均可在官方网站查询和下载。

②国家残留监测项目。美国国家残留监测项目（National Residue Program，NRP）是针对肉、禽、蛋产品设计的跨机构监测项目。该项目由FSIS执行管理，旨在识别、优先考虑和分析肉、禽、蛋产品中的化学污染物。该项目监测国内和进口产品，国内产品的采样形式包括主动监测随机抽样、监察员抽样和特定项目抽样方式。三种采样形式采用主动定期随机抽样，以确保具有代表性样本数据，确定化学物的残留基线水平；对有待怀疑的产品进行抽查检验；对未能满足前两种采样方式的项目进行特定探索性采样。进口产品的监测采样为三层采样方式：常规采样、增强采样和强化采样，以此确保进口商品的安全性。NPR监测的项目包括兽药残留、农药残留和其他化学物质。NPR项目的年度报告均公布于FSIS发行的红皮书上，并可在FSIS官网中查询下载。

（3）美国食源性疾病监测。美国食品安全涉及多部门管理，包括美国环境署（EPA）、美国食药局（FDA）、美国农业部（USDA）。若涉及食源性疾病，也隶属于美国CDC的职责范畴。所以美国疾病监测和食品安全风险监测网络具有交叉性。美国食源性疾病监控系统包含食源性疾病主动监测网络（FoodNet）、食源性疾病暴发监测系统（FDOSS）、水源性疾病和疫情监测（WBDOSS）、全国耐药性肠道致病菌监测系统（NARMS）、基于国家和实验室的肠道疾病监测系统（PulseNet）。

食源性疾病主动监测网络（FoodNet）自 1996 年启动，该网络是由美国 CDC、10 个州卫生部门、美国农业部食品安全和检验局（USDA-FSIS）以及食品和药物管理局（FDA）共同合作项目。该网用过对弯曲杆菌、环孢菌、李斯特菌、沙门氏菌、产志贺样毒素的大肠杆菌（STEC）、志贺菌、弧菌和耶尔森氏菌引起的实验室诊断感染而进行基于人群的主动监测，通过食品来跟踪疾病传播趋势。该网络为食品安全政策和预防性工作提供了基础信息数据。该网络评估食源性疾病的数量、监测特定食源性疾病随事件变化的发生趋势，将疾病归因于特定的食品和环境，并将信息传递。

2. 加拿大

加拿大食品检验局（Canadian Food Inspection Agency，CFIA）的主要职责是确保国家的食品安全。CFIA 主要开展了国家食品化学残留监测方案（National Food Chemical Residue Monitoring Program，NFCRMP）、食品安全监督计划（Food Safety Oversight Program，FSOP）和国家微生物监测计划（National Microbiological Monitoring Program，NMMP）。

针对食品污染物风险监测，CFIA 包括三方面内容：监测采样（monitoring sampling），该方式用于国家食品化学残留监测方案（NFCRMP）和目标调查（target survey）；定向采样（directed sampling），侧重于化学污染事件；符合性采样（compliance sampling），将超标的食品清除出市场。食品污染物风险监测项目包括国家食品化学残留监测方案、目标调查和儿童食品计划。

这些监测项目旨在验证当前食品安全是否符合加拿大化学残留和污染物的最高限量值，掌握趋势，制定战略政策，尽量减少消费者潜在的健康风险；掌握加拿大当前市场中食品污染物存在状况和基线水平；支撑无壁垒国际贸易交流。

（1）NCRMP 和 FSO。加拿大开展的国家食品化学残留监测方案（NCRMP）是 CFIA 执行的重要的年度合规性监测项目之一。该监测方案于 1978 年正式启动，在食品法典委员会原则和指南下开展，是 CFIA 食品安全框架的重要组成部分，旨在监测加拿大食品中存在的潜在化学污染物危害。2014 年，食品安全监督（Food Safety Oversight，FSO）被引入作为 NCRMP 的补充，并加强了 CFIA 对非肉类食品行业的监督。以 2017~2018 年为例，超过 16000 个样本被采集，针对兽药残留、农药残留、元素、污染物等项目监测进行了 120000 次测试，产生了百万个数据结果。样品结果表明 96.6%的产品符合加拿大化学残留物的标准。对于不达标的结果将会传达给农民、种植者/生产者、进口商和零售商，确定关注的领域，并促进农业化学品和实践的安全使用。该项目持续不断地努力确保加拿大消费者能够持续获得安全和健康的食品。

（2）NMMP。国家微生物监测项目（NMMP）是由加拿大食品检验局负责管理的食品监测项目，旨在验证行业是否符合微生物标准，以此促进加拿大食品进入国际市场，提供有关食品安全控制措施和干预措施的有效性信息，保持消费者对食品供应安全的信心。通过 NMMP，CFIA 对进口和国产食品进行了广泛的抽样检查。这些食品通常在联邦注册的机构（即生产出口或跨省贸易的食品的机构）进行抽样，这些机构由食品检验局检查员进行检查，但也可以在其他类型的机构（如仓库、配送中心和批发商）进行抽样。FSO 监测项目同样也是 NMMP 的补偿形式，以监测新鲜的蔬菜、水果和水产及其加工产品的情况。以 2018~2019 年度监测为例，监测的食品类别包括：红肉、家禽产品、蛋类与蛋制品、鱼类和海鲜类、新鲜蔬菜和水果类、加工蔬菜和水果类及其他食物制品。在选择危害组合时，需要考虑最近暴发的食源性疾病，新出现的危害组合和历史出现的超标情况。在 NMMP 和 FSO 计划下，除却采集食品样品外，也针对注册机构的环境进行取样，以验证生产商控制加工环境中病原体存在的能力，确保食品是在卫生条件下生产的。2018~2019 年度，NMMP 中 5305 个国内和进口样品被采集，并进行了 12889 次检验，对 1666 个环境样品进行了 2039 次试验；FSO 计划下对收集的 2742 种国内、进口和来源不明的食品进行了 9228 次检测，对 22 个环境样品进行了 22 次测试，总体合格率超过 98.2%。NMMP 和 FSO 计划监测，旨在验证行业是否符合食品微生物安全和质量标准。所有样本均须接受业界和食品检验局的跟进，若出现不符合标准的项目，会进行后续行动，包括后续检查、额外抽样、产品处置、纠正措施请求、食品安全调查、产品召回等。

（四）澳新监测体系

澳新地区的食品安全风险监测是由澳新食品标准局（Food Standards

Australia New Zealand，FSANZ）和其他澳大利亚和新西兰政府机构持续监测食品供应的诸多监测活动。此类监测可持续监控食品供应，确保食品符合微生物污染物、农药残留限量和化学污染标准。监测方案和活动是通过食品监管实施小组委员会（Implementation Subcommittee for Food Regulation，ISFR）来管理和批准实施的。ISFR 由澳大利亚和新西兰食品监管机构和部门的代表组成。2005~2019 年间，组织监测活动覆盖了食品和污染物各个方面，也涵盖了食品营养、食品标签等方面。如澳大利亚食品中的塑化剂调查；澳大利亚和新西兰食品中的反式脂肪酸调查；澳大利亚海藻和含海藻产品中无机砷的调查；澳大利亚出售的即食坚果和坚果制品中沙门氏菌和大肠杆菌的调查；全国干果、甜酒和香肠中亚硫酸盐的调查；农场和初级加工鸡肉中沙门氏菌和弯曲杆菌的流行性和浓度基线调查；食品和饮料中三聚氰胺的全国调查；国内和进口水产品中的化学物调查等。澳新同样针对潜在的危害、紧急的食品安全事件或者为了制修订新的食品安全标准组织开展相应的监测调查，如食品中溴化阻燃剂的调查、食品中的多环芳烃的调查等。

澳大利亚另外一种食品安全监测形式是总膳食研究，之前称之为澳大利亚市场篮子研究，调查消费者在总膳食中暴露于食品中一系列农药残留、污染物和其他物质的研究。新西兰同样也进行了一项类似的调查，称为"新西兰总膳食研究"。

除却以上监测外，澳大利亚其他食品监管机构定期开展监测活动，为澳大利亚新西兰食品标准局的标准制定提供信息。例如，澳大利亚农业部开展的全国残留物调查（National Residue Survey，NRS）。该监测针对出口食品进行了农业和兽药化学品残留以及环境污染物的检测。进口食品检验计划（Imported Food Inspection Scheme，IFIS）对进口澳大利亚的食品进行监测，确保符合澳大利亚的公共卫生和安全要求；各州和地区政府亦会对食品进行有针对性的调查，以确保食品安全并符合食品标准。

三、肉与肉制品监测情况简介

肉与肉制品是动物源食品的重要组成部分，也是消费者膳食摄入的重要组成部分。我国肉与肉制品的生产量和消费量均居世界之首，肉与肉制品的食品安全问题关乎人民群众的身体健康，也关乎国家的市场经济、国际贸易和社会的稳定，因此对肉与肉制品现存和潜在的风险进行定期监测，有助于我们了解并掌握肉与肉制品的食品安全风险危害和趋势，为制定肉与肉制品相关标准提供数据支撑，对潜在风险进行提前预警，确保肉与肉制品的食品安全，有利于保障我国居民的身体健康和社会经济的繁荣稳定。

目前，世界各国均有针对肉与肉制品的监测具体措施，这里对国内外较为典型的有关肉与肉制品的监测方案进行介绍。

（一）我国的肉与肉制品监测

我国自 2010 年年底起实现了在全国 31 个省（自治区、直辖市）和新疆生产建设兵团开展食品污染和有害因素监测、食源性疾病监测。每年根据《食品安全法》相关规定，国务院卫生行政部门会同国务院食品药品监督管理、质量监督等部门，制订、实施国家食品安全风险监测计划，各级政府会根据国家食品安全风险监测计划制订本级区域的监测工作计划。2023 年全国食品安全风险监测计划中，涉及肉与肉制品的常规和定向监测污染物、微生物的项目主要有：抗球虫类、β-受体激动剂、金刚烷胺、单核细胞增生李斯特菌、沙门氏菌、小肠结肠炎耶尔森菌、致泻大肠埃希氏菌、产气荚膜梭菌、戊肝病毒等。每年的监测项目会根据污染物存在现状及其趋势进行调整。从有关发表监测文献中可以看出，抗生素是肉与肉制品中主要的监测项目，2016～2020 年上海市售肉与肉制品中多种抗生素的总检出率为 16.03%，总超标率为 1.97%。其中喹诺酮类检出率为 2.78%、超标率为 0.83%；熟肉制品中氧氟沙星超标率较高，为 2.12%；四环素类检出率为 17.06%、超标率为 0.34%，检出率最高为多西环素（11.64%）；磺胺类检出率为 3.16%，检出率最高为磺胺二甲嘧啶（1.05%）；氟苯尼考检出率为 5.15%、超标率为 0.12%。熟肉制品中氧氟沙星、恩诺沙星与环丙沙星之和均高于其他食品类别。广西 2011～2015 年针对肉与肉制品进行了风险监测，监测项目包括非食用物质、重金属元素、食品添加剂、生物毒素、兽药残留、有机污染物、禁用药物以及食品加工储藏过程产生的污染物共计 8 类 108 个项目，共采集生禽畜肉、肉类内脏和肉制品样品 6084

份，样品合格率97.47%。各年度各类肉与肉制品均有不合格样品检出，禽畜肉中镉、总汞、总铬、总砷超标率均低于1.0%，禁用药物盐酸克伦特罗等违禁药物的检出率低于1.0%。吉林省2011~2019年对采集的肉与肉制品5683份样品中沙门氏菌、金黄色葡萄球菌、单核细胞增生李斯特菌进行监测，结果共检出阳性食源性致病菌314株，总体检出率为5.53%，其中沙门氏菌、金黄色葡萄球菌、单核细胞增生李斯特菌检出率依次为1.47%、5.51%、9.41%。河南省2017~2021年对21个监测点1934份肉与肉制品进行了沙门氏菌、致泻大肠埃希氏菌、小肠结肠炎耶尔森菌、产气荚膜梭菌、单核细胞增生李斯特菌、金黄色葡萄球菌和空肠弯曲菌7种食源性致病菌进行检测，致病菌检出率为24.72%。亚硝酸也是熟肉制品中重点监测的项目。2008年上海市售熟肉制品中亚硝酸盐污染监测资料显示肉制品亚硝酸盐超标率为2.75%，平均检出值为0.008g/kg；其中散装酱卤肉类超标较严重，总体超标率为3.48%，牛、羊肉制品超标较多，超标率分别为7.47%和4.88%。普通居民通过熟肉制品每日摄入亚硝酸盐量大于0.07mg/kg·bw（ADI）的概率为4.81%。

当前全国食品风险监测的数据每年以年终报告文件的形式呈送卫生行政有关机构，并通过相关机制将监测结果信息在食品监管机构中进行通报。一旦发现问题或者潜在危害趋势，会及时调整监测计划，并进行有针对性的调查研究，确保食品安全，消费者健康。

（二）国外的肉与肉制品监测

1. 欧盟国家动物源残留监测

根据欧盟理事会96/23/EC指令要求，各成员国需要针对某些特定物质进行年度监测，并由欧洲食品安全局收集年度数据进行分析。欧盟委员会有义务向各个成员国告知当前食品供应链的情形。以2021年活动物及制品兽药残留和其他物质的监测为例，2021年欧盟27个成员国呈交了621205份样品的结果，其中351637份为目标样品，4562份为可疑样品。监测的物质包括激素类药物（二苯乙烯及其衍生物、抗甲状腺剂、类固醇、间苯二酚酸内酯），超标率为0.07%；β-激动剂，超标率为0.01%；磺胺类和喹诺酮类，超标率为0.14%，其他兽药类（驱虫剂、氨基甲酸酯和拟除虫菊酯类、镇静剂、非甾体抗炎药），超标率为 0.13%；其他物质和环境污染物，如有机氯化合物、有机磷化合物、化学元素、真菌毒素、染料等超标率为 0.85%。2021 年整体超标率为 0.24%，略低于前四年的超标率（0.27%~0.35%）。

2. 美国国家残留监测项目（National Residue Program，NRP）

美国国家残留检测项目（NRP）是美国农业部下属的食品检验属（FSIS）针对肉、禽、蛋类产品中的化学残留物质监测项目，旨在通过监管国内和进口肉类、家禽和蛋制品来保护消费者的健康和利益。

NPR 的执行是通过以下程序：首先识别和评估动物源食品中可能有意添加或无意使用的化合物；检验相关的化合物；报告检验结果；针对发现的残留情况做出适当的法规措施。该项目监测国内和进口产品，国内产品的采样形式包括主动监测随机抽样、监察员抽样和特定项目抽样方式。监测的食品为肉、禽、蛋，监测的项目包括农药残留、兽药残留和其他化学物质。以 2020 年的监测方案为例，监测的食品类别包括：牛肉、猪肉、家禽（鸡、鸭、鹅、鸽和其他禽类及其蛋类）、其他牲畜类（兔、羊、野牛和麋鹿等）。公布监测的项目同时配套了检测方法，如 104 种兽药残留的多残监测方法；针对阿米卡星、庆大霉素、卡那霉素、大观霉素、安普霉素、潮霉素 B、新霉素、链霉素、双氢链霉素的氨基糖苷类的检测方法；针对西马特罗、莱克多巴胺、齐帕特罗、克伦特罗、沙丁胺醇的 β-激动剂的检测方法；针对多拉菌素、伊维菌素、莫西德克汀的阿维菌素的检测方法；硝基呋喃的检测方法、卡巴多的检测、针对 108 种农药残留的检测方法和针对 18 种化学元素的检测方法。就监测结果而言，2016~2019 年每年监测的国内常规样品数目为 7067~7909 个，连续四年的超标率为 0.4% 以下，四年的超标率基本保持一致。国内督察员抽样的样品的超标率也低于 0.4%，与常规监测样品相符。进口的监测样品为 3501 宗样品，超标样品为 7 宗。

3. 加拿大国家食品化学残留监测方案

加拿大国家食品化学残留监测方案是自 1978 年起由加拿大食品检验局（CFIA）执行的年度滚动合规性监测项目。该项目是基于食品法典原则对加拿大市场的食品产品中可能存在潜在危害的化学污染物的有价值意义的监测行为。以 2016~2017 年为例，国内和进口食品样品分为乳制品、新鲜水果和蔬菜、甜浆、加工产品、蛋类、蜂蜜和肉类。国内和进口产品的监测样本数为 15275 份，其中肉类产品包括屠宰的生肉（肌肉、肝脏、肾脏和脂肪）和加工的肉制品，样品量为 6920 份，占比 45%。监测的化学物包括兽药（抗生素、抗寄生虫药、止痛药、镇静剂、生产激素等）、农药（杀菌剂、杀虫剂、除草剂）、金属（砷、镉、铅、汞、锡、铜等）、环境污染物（二噁英、呋喃、多氯联苯、多环芳烃等）、真菌毒素（黄曲霉毒素 M_1、镰刀菌素等）。其中兽药残留的检测占比国内产品为 65.4%，进口产品为 86.4%。其中肉类的合规率为 96.6%。根据监测结果，CFIA 可对超标的样品采取进一步措施，并可以辨识加拿大市场上食品中化学残留和污染物的分布趋势，进一步优化其他机构针对潜在风险进行的监测活动和监控方法措施。NCRMP 的数据将被用于风险评估，同时数据结果可以与贸易伙伴国进行分享。

4. 澳新国家残留监测（National Residue Survey，NRS）

国家残留监测是澳大利亚管理澳大利亚动植物产品中化学残留和环境污染物风险体系的重要组成部分。该监测于 20 世纪 60 年代初建立，原因是担心出口肉类中的农药残留，后 NRS 扩展到其他动植物产品的农药和兽药残留以及其他污染物。NRS 的核心工作是促进动植物产品农药和兽药残留以及环境污染物的检测。1992 年颁布了《国家残留监测管理办法》。国家残留调查由农业、水和环境部负责，通过各种随机和针对性的抽样检测来监测动物产品中的残留。随机残留监测涵盖了 19 个肉类项目、1 个鸡蛋项目、1 个蜂蜜项目和 2 个水生动物项目。适用于动物源食品的监测项目约 24 类。兽药残留包括驱虫类药物、抗生素类、激素和其他兽药残留，3 大类农药包括杀菌剂、除草剂、杀虫剂和元素类。2010～2020 年监测结果显示各年度监测的牛肉样品数量为 4375～6000 宗，合规率达 99.85%～100%；羊肉样品数量为 2539～5510 宗，合规率达 99.20%～99.85%；猪肉样品数量为 1000～2751 宗，合规率达 98.80%～99.96%。该监测的目的在于确保参与行业满足澳大利亚出口认证和进口国要求，使国内肉类加工能够满足州和地区政府监管机构的许可要求，可提供参与行业使用杀虫剂和兽药的良好实践的证据。

综上所述，肉与肉制品的风险监测是每个国家食品安全风险监测的重要组成部分。食品安全的风险监测结果为每个国家提供风险评估的依据，为执法措施提供依据，为发现市场潜在的风险危害进行预警，确保消费者的身体健康，稳定食品市场安全，为国际贸易提供保障。

四、大型活动肉与肉制品安全风险监测现状及建议

（一）大型活动中食品安全风险监测现状

在国内，我国经常举办像奥运会这样的世界级大型活动，为了预防食品安全事件的发生，保障各项大型活动的食品卫生安全，对食品进行风险监测就显得尤为重要。

2000 年悉尼奥运会，悉尼政府极为重视奥运会的食品安全保障，其食品安全风险监测也做得比较到位。在奥运会举办的 5 年前就启动了奥运食品工程，制订了食品安全保障计划，在食品安全组织协调、风险评估、食品检测、信息采集预警、人员培训等方面采取了一系列有效的措施。在比赛期间，总共有 83 名食品安全官员对所有食品供应点进行每日监测，在奥运赛场总共对 1066 个食品点进行了 9000 多次的食品监测，在奥运村共对 950 份即将被食用的食品进行了采样和微生物检测。2008 年北京奥运会、残奥会，食品原材料供应多达 1002 种，供应数量约 9000 万吨，供餐 600 多万份，供奥食品安全合格率全部达到 100%，做到了食品供应零中断、餐饮运行零投诉、食品安全零事故，实现了"两个奥运同样精彩"的目标。2022 年北京冬（残）奥会，北京朝阳区市场监管局采取多项严格措施，切实保障冬（残）奥会食品安全，按照冬奥组委运服部餐饮处的场馆视屏安全工作部署，保障人员对场馆闭环内外各供餐点位分别进行食品安全、防疫安全培训及监督指导工作，对场馆内 11 个供餐点位逐一开展食品安全风险监测，排查率 100%。2023 年广交会期间，广州市市场监督管理局选派了 50 名食品监管和检验工作人员组成驻场团队，在四个展馆的餐饮供应区进行监督检查，及时消除食品安全隐患，同时对广交会展馆、来宾驻地及周边餐饮、酒吧密集区开展食品安全风险监测，保障广交会的安全顺利举办。

每一次大型活动的举办，都离不开食品安全风险监测的后勤保障，严格、全面地开展食品检验工作，有效保障与会人员的食品安全，保障活动

的顺利开展。

（二）大型活动中肉与肉制品的安全风险监测

在我国餐桌上，家禽的鲜美、羊肉的滋补、鱼肉的细嫩以及宴席的丰美，无鸡不成宴、无肉不成席。然而这些熟肉制品却是常见的引起食物中毒的食品，特别是在每年的 6~9 月高峰季节和食堂、餐厅的集体供餐中。因此，在大型活动中对肉与肉制品进行风险监测，能有效预防其引起的食物中毒，保障大型活动的顺利进行。

2010 年上海世博会，猪肉供应中，在生猪屠宰前对其进行猪瘟、口蹄疫、猪丹毒等传染性疾病检查，在完成屠宰后的猪肉制品的运输中车辆车内温度保持在 0℃~4℃ 之间，有效控制微生物的繁殖生长。而在世博会期间，对世博村及周边区开展食品和食品加工环境等快速检测，对猪肉盐酸克伦特罗等进行快检，确保该区域餐饮食品安全总体可控有序，为平安世博提供了必要的食品安全保障。2010 年广州第 16 届亚运会，指定餐饮接待单位在亚运赛事期间抽取熟食品、生冷食品等食品进行检测，检测项目主要为菌落总数、大肠菌群、金黄色葡萄球菌、沙门氏菌、志贺氏菌，部分生冷食品开展副溶血弧菌、霍乱弧菌及单核细胞增生李斯特菌的检测。2014 年某部队对大型活动期间的生猪肉进行挥发性盐基氮、沙丁胺醇、盐酸克伦特罗、莱克多巴胺等检测，结果发现沙丁胺醇指标超标情况，可见瘦肉精的使用现象较为普遍。2022 年北京冬奥会，500 多名厨师 24 小时不间断为运动员提供餐饮服务，其中北京烤鸭、牛肉饺子、羊肉饺子等特色美食很受运动员喜爱。为保证肉与肉制品食材安全和质量，冬奥村从餐饮原材料开始做好食品监测工作，排查食品安全风险，让运动员在比赛之余，体验中国传统文化，感受"舌尖上的美味"。

为有效防控大型活动中肉与肉制品引起的食源性疾病事件，要有针对性地从肉类食品的采购、加工、运输、储存、烹饪到最后的食用等各个环节加大监测和防控力度，规范食品风险监测，提升食品检测效能，从而保障大型活动食品安全。

（三）大型活动中食品安全风险监测建议

为了加强大型活动中的食品安全风险监测，保障广大消费者的身体健康，构建和谐稳定的活动氛围，保障各项大型活动的顺利开展，对大型活动中开展食品安全风险监测提出以下几点建议：

1. 提前规划，做好监测方案

在大型活动举办前，争取上级机关理解支持和相关部门的配合，尽可能提早介入大型活动筹备工作，建立大型活动食品安全保障机制，做好食品安全风险监测方案，为食品安全保障工作创造有利条件。

2. 因地制宜，提高监测技术

定期培训食品安全风险监测业务人员，提高监测队伍综合素质，加强检测技术和能力建设，根据当地常见的引起食源性疾病的致病因子，有针对性地对其加强风险监测，充分发挥现场检测、快速检测、食品中毒应急处理在大型活动食品安全保障中的作用。

3. 强化责任，加强监测培训

加强宣传力度，强化责任制度，做好大型活动食品安全保障中接待单位的食品安全知识培训，使他们树立"食品安全无小事"的意识，增强对食品安全保障的自觉性和责任心，重视食品安全风险监测工作，及时排除存在的安全隐患。

4. 经济保障，确保监测到位

大型活动中食品安全风险监测专项经费的保障，能促使食品安全风险监测工作的有效开展，增加监测项目及仪器设备的投入，从而保障食品安全风险监测的顺利完成，保障大型活动如期成功举办。

第七章

肉与肉制品食品安全风险评估

一、食品安全风险评估的定义、原则和方法

近些年来，食品安全问题屡有发生，为研究并应对食品中有害因素可能对人体健康造成的风险，世界贸易组织（WTO）和国际食品法典委员会（CAC）将实施食品安全风险评估作为制定食品安全监管措施和标准的重要科学手段。

（一）食品安全风险评估的定义

食品安全风险评估，是指对食品中生物性、化学性和物理性危害对人体健康可能造成的不良影响及其程度进行科学评估的过程。[①] 食品安全风险评估必须以可靠的科学证据为基础。食品安全监管机构必须获得适当的科学数据和专业信息，以便进行风险评估。为适应不同危害的性质和发生环境，可能需要不同科学背景的专业人员（包括生物学家、化学家、医学专家、遗传学家、流行病学家、毒理学家、微生物学家、农艺师、植物学家、昆虫学家、动物学家和其他人员）的参与。

食品安全风险评估包括危害识别（hazard identification）、危害特征描述（hazard characterization）、暴露评估（exposure assessment）和风险特征描述（risk characterization）四部分（见图 7-1）。

---

① 国家食品安全风险评估专家委员会：《食品安全风险评估工作指南》，http：//www.cfsa.net.cn：8033/UpLoadFiles/news/upload/2013/2013-12/23118998-ab0e-4fd5-91c1-9f29b5c4677f。

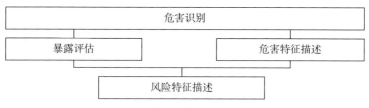

图 7-1　食品安全风险评估方法

　　风险评估可以是定性的、半定量或定量的。定性和定量的风险评估在不同的情况下发挥着重要作用，且两种评估并无内在的优劣势。

　　定性风险评估是对风险因素进行合理推理，从而确定风险发生可能性和严重程度的方法，其通常应用于数据资料短缺或无相关资料的情况下。

　　定量风险评估是基于数字数据进行分析的，对于化学污染物或有害微生物，可以是确定性的，也可以是概率性的。定量风险评估以数字形式描述不确定性，不确定性分布则由统计方法确定。与定性风险评估相比，定量风险评估可以在量化的层次上解决风险管理问题。进行食品安全风险评估方法并不唯一，存在不同的食品安全风险评估模型，其过程随风险类型、模型使用和需解决的问题不同而变化。

（二）食品安全风险评估的方法步骤

1. 危害识别

　　危害识别，是指识别可能存在于某一组特定食品中，能够引起不良健康影响的生物、化学和物理因素。危害识别通常是一个定性的过程，主要是通过收集数据资料以得出关于危害与食品之间的联系和影响。这些相关信息通常来自科学文献、食品安全事件调查报告、特定行业的数据库、国家和国际层面健康监测数据、消费者调查和统计以及相关领域专家的咨询等。风险评估人员通常在危害识别中发挥着重要作用，特别是当需要根据科学证据分析和确定可能的危害时，风险评估人员可以帮助风险管理者确定目前亟待解决的危害。

2. 危害特征描述

　　危害定性描述，是指对食品中与危害相关的、对健康造成不良影响的作用进行定性或定量评价。

危害特征描述的目的是建立理想的剂量—反应评估，将微生物病原体数量、化学污染物剂量与人类产生不良健康反应的可能性用数字关系进行表达。

表 7-1　微生物危害和化学危害特征比较

微生物危害	化学危害
通常具有急性特征、是单次暴露的结果	可以是持续性风险，也可以是急性的
宿主和病原体具有高变异性	通常不会因人而异，化学品本身的毒性不变
数量和危害特性不断变化	数量和危险特性趋于固定
在食品中以非均质存在（危害不均匀地分布在食品中）	同质存在（如食品添加剂）、异质存在（如化学污染物）
在很多食品链的节点发生	在特定食品链节点发生（如农场的兽药残留）

3. 暴露评估

暴露评估，是指对通过从食物暴露的生物、化学和物理因子进行定性或定量评估。暴露评估范围涵盖了从生产到消费的所有步骤，结合危害物质在食品供应链不同节点的危害水平和被消费者接触的可能性（即消费模式、频率），用以评价特定时期或地点实际食品中的危害暴露。

4. 风险特征描述

风险特征描述，是指在危害识别、危害特征描述和暴露评估的基础上，综合上述三个过程中的数据资料进行整理分析，形成风险评估结果的过程，同时应对风险评估过程中的不确定性进行解释。

（三）食品安全风险评估的原则

在大多数情况下，进行风险评估的流程必须在开始前制定明确，以免风险评估偏离主体方向。良好的风险评估有助于食品安全监管机构就食品安全风险做出透明的、基于科学的决定。一般来说，食品风险评估应当是客观、公正、以科学为基础且满足风险管理需求的。其一般原则如下：

（1）风险评估应保持客观、透明并有完整的资料记录，可供研究人员进行独立评审。

（2）风险评估和风险管理的职能在可行的情况下，应分开执行。

（3）在整个风险评估过程中，风险评估人员和风险管理人员需保持互动交流。

（4）在整个风险评估过程中，风险评估应遵循结构化和系统性的程序。

（5）风险评估应以科学数据为基础，并充分考虑"从生产到消费"的整个食物链。

（6）要全面记录风险评估中的不确定性及其来源和影响，并向风险管理人员解释。

（7）在必要的情况下，风险评估应进行同行评议。

（8）当获得新的信息或资料时，应该对风险评估进行审议和更新。

二、肉与肉制品风险评估的目的和意义

随着全球肉类产品消费量的逐年增加，肉与肉制品卫生和安全方面的风险和挑战也日益加剧。肉类安全问题涉及物理、化学和生物方面。根据公布的数据，国外相当一部分食源性疾病与食用受污染的肉类或肉制品有关。例如，1993 年至 1997 年期间，牛肉产品与美国 3.4% 的食源性疾病有关；而在欧洲，2006 年报道的食源性疫情中有 10.3% 可归因于受污染的肉类产品。有研究对 1988 年至 2007 年间国际食品安全事件进行了大规模的回顾性分析，显示其中 12.2% 的疫情与牛肉或牛肉产品的消费有关。[①]

近年来，我国也发生了一系列与肉制品相关的恶性食品安全事件，如新奥尔良烤翅中被检测出苏丹红一号以及部分双汇冷鲜肉中含有瘦肉精等，这会直接影响普通消费者的购买信心。肉与肉制品领域的食品安全问题已经日渐凸显，而想要尽快尽好地解决这些问题，则离不开食品安全风险评估这一科学手段。

（一）肉与肉制品风险评估的目的

风险评估的目的是采用科学的技术手段来描述与食品危害相关的健康

---

① Greig J D，Ravel A. Analysis of foodborne outbreak data reported internationally for source attribution. International journal of food microbiology，2009（13）：77-87.

风险，对肉和肉制品进行风险评估，旨在提升肉类产品安全标准水平，保护公众免受公共卫生事件的影响，为突发事件提供科学支持，为肉制品安全风险管理交流提供素材，为相关安全监管提供技术支持，推进对肉类产品的科学管理，维护消费者信心，促进国际贸易。

（二）肉与肉制品风险评估的意义

肉与肉制品风险评估为后续的风险管理提供了科学的决策依据，其范围涵盖了整个食品链，并使得整个链条节点上的健康风险控制措施可以被比较评估。运用现代科学的方式，评估肉与肉制品中生物及化学有害因素的潜在风险，有利于化解国际贸易争端，制定国际食品标准、完善本土食品安全管控措施，也为应对食品安全突发事件、预防食源性疾病、保障消费者健康提供科学依据。

三、国际肉与肉制品食品安全风险评估项目介绍

（一）国际粮农组织和世界卫生组织

国际粮农组织（FAO）和世界卫生组织（WHO）致力于提供关于微生物和化学危害独立国际科学建议，并支持各国实施食品法典标准（CAC）。

FAO/WHO 在 2009 年完成一项关于肉鸡中弯曲杆菌属（campylobacter spp.）的定量风险评估（QMRA）。[①] 报告中所涵盖的产品包括新鲜整鸡、部分鸡肉以及冷冻鸡肉。暴露情景考量仅限于消费者家庭烹饪环节。暴露评估主要关注鸡肉产品中可能存在的弯曲杆菌属的污染水平和数量。从农场饲养到消费鸡肉产品的整个过程被分为两个主要阶段，即农场到运输、加工、储存和消费者烹饪。暴露评估首先评估农场内弯曲杆菌污染的发生频率和水平，估计随机鸡群呈弯曲杆菌阳性的概率以及鸡群内的流行率。随后，对运输、加工、储存和消费者烹饪阶段进行探讨，并用数学方法分别描述这些阶段对鸡肉产品中的弯曲杆菌污染水平的总体影响，以确定最

---

① World Health Organization. Risk assessment of Campylobacter spp. in broiler chickens: technical report [M]. World Health Organization, 2009.

终暴露水平。结果表明，总体风险估计值随屠宰场内鸡群感染率的降低而明显减小，但由于屠宰过程中交叉污染的存在增加了加工过程中胴体的感染率，因此降低比例小于预期。其次，冷冻可以使弯曲杆菌随着时间推移缓慢地失去活性，所以在一些国家已被建议并作为风险缓解措施来实施，特别是针对阳性鸡群。

作为 FAO/WHO 微生物风险评估系列的一部分，FAO/WHO 在 2002 年还开展了鸡蛋和鸡肉中沙门氏菌（salmonella）的风险评估。[①] 采用了蒙特卡洛方法完整模拟了从屠宰过程结束到消费之间的所有阶段，其中包括零售、运输、储存和家庭烹饪环节。但是文件中没有提供在对这些加工和处理阶段进行建模时的具体步骤，特别是未以数字形式展现出来。由于缺乏代表性数据和交叉污染本身的复杂性，家庭贮藏准备期间可能发生交叉污染没有被纳入 QMRA 中。作为危害定性阶段的一部分，对描述摄入沙门氏菌的剂量与患病概率之间关系应用了已发表的剂量—反应模型，并对暴发的食源性疾病数据进行了验证。通过整合分析可以发现，当前的模型并无法充分描述疫情数据，遂在现有数据基础上提出了一个新的剂量—反应模型。然而，疫情数据也存在不确定性，尤其是暴露人数和暴露剂量方面。此外，疫情数据的来源也只有日本和美国两个国家。最终 QMRA 表达的结果为一年内由于摄入在家庭厨房中被煮熟后立即食用的新鲜整鸡胴体上的沙门氏菌而发病的概率估计。通过完整 QMRA 模拟可以推知，降低沙门氏菌在鸡肉中的流行率与消费者患病风险的降低有关。此项风险评估工作的重要成果之一是汇编和整理了有关鸡肉和鸡蛋中沙门氏菌的大量信息，并以结构化的风险评估规范对这些数据进行梳理，确定了现有数据存在的重大缺口，这为未来的研究工作方向提供了指引。

（二）欧洲食品安全局

在欧洲的食品安全体系中，风险评估是独立于风险管理进行的。欧洲食品安全局（EFSA）于 2002 年成立，是提供与食物链有相关风险科学咨询和沟通的独立机构，旨在改善欧盟食品安全，确保消费者健康以及恢复

---

① World Health Organization. Risk assessments of Salmonella in eggs and broiler chickens ［M］. World Health Organization，2002.

对欧盟食品供应的信心。[①]

EFSA 的职责范围包括对食品和饲料安全、营养、动物健康和福利以及植物保护和植物健康进行风险评估。作为风险评估机构，EFSA 在收集和分析现有来源中关于食品和饲料中微生物或化学危害的科学数据方面发挥了重要作用，确保了欧盟成员国的风险评估项目能够得到最完整的科学信息支持。EFSA 的科学意见和建议对欧盟委员会、欧洲议会和欧盟成员国采取有效及时的风险管理决策提供了有效支持，为欧盟的决策和立法建立了良好的基础。

根据欧盟委员会要求，食品链污染物科学小组（CONTAM）在 2009 年评估了食品中镉的存在对人体健康的风险。[②] 为了获得最新数据，EFSA 从 20 个成员国中收集了约 14 万份关于各种食品中镉含量的数据，并由 CONTAM 审议。镉（Cd）是一种存在于环境中的金属污染物，饮食是除吸烟外主要的人体摄入途径。虽然人群通过饮食摄入镉后的吸收率相对较低（3% ~ 5%），但镉在人体的肾脏和肝脏中可以被有效保留，经过长期积累或大量接触后，可能导致人体肾脏衰竭。最新的统计学研究数据显示，镉的暴露可能与肺癌、乳腺癌等癌症风险的增加具有相关性，但 CONTAM 认为，这些剂量反应数据并不能作为定量风险评估的充分依据。肉与肉制品是日常膳食中镉摄入的主要来源之一。在肉与肉制品及内脏这一食品类别中，超过最高限量（MLs）的样品比例如下：牛、绵羊和山羊肉为 3.6%；家禽和兔肉为 0%；猪肉为 1.6%；肝脏（牛、绵羊、猪、家禽和马）为 3.7%；肾脏（牛、绵羊、猪、家禽和马）为 1.0%。上述样品相对应的中值分别为 0.0050mg/kg、0.0030mg/kg、0.0050mg/kg、0.0430mg/kg、0.1520mg/kg。欧盟各国成年人的镉膳食暴露量平均在每周 1.9~3.0μg/kg 之间。基于对无吸烟史的瑞典女性进行的大数据集建模显示，如果平均每日膳食暴露量不超过 0.36μg/kg，年龄在 50 岁左右的被调查者中有 95% 的人尿镉含量会低于 1μg Cd/g 的基准值，即每周镉膳食暴露量为 2.5μg/kg。由于不需要对敏

---

① Hugas M, Tsigarida E, Robinson T, et al. Risk assessment of biological hazards in the European Union. International Journal of Food Microbiology, 2007 (120): 131–135.

② European Food Safety Authority. Scientific opinion of the panel on contaminants in the food chain on a request from the European Commission on cadmium in food. EFSA Journal, 2009, 980: 1–139.

感人群暴露量或其他不确定因素进行调整，因此，CONTAM 将每周耐受摄入量（TWI）定为 2.5μg/kg，同时表明如需进一步评估则应获取更详细的食物消费资料，以便计算出个别食物对镉整体暴露量的影响。同时需要有更多代表性数据，包括总膳食研究，以减少暴露评估的不确定性。

欧盟每年都要对食品生产动物和动物性食品中的兽药残留水平进行监测。主要被监测的物质分为六大类：激素、β-拮抗剂、禁用物质、抗菌剂、其他兽药和其他环境污染物。被监测的食品和动物包括牛、猪、绵羊、山羊、马、家禽、兔等。欧盟成员国和 EFSA 每年都会合作开展这项工作。这些结果进行汇编后录入欧盟数据库。每年 EFSA 都会发布一份关于活体动物和动物产品中合法兽药残留的报告，其目的是说明每年在欧盟范围内的采样量，并显示每组物质、每种动物或食品类型的超标情况。由于这些报告中并没有显示不达标样品的具体超标数额，所以无法量化评估对消费者的潜在健康风险。2023 年 2 月，EFSA 发布了 2021 年期间动物活体及相关制品中兽药残留和其他物质监测结果的最新报告。① 总体而言，2021 年不合规样本数量的百分比（0.17%）低于前 12 年（0.19%～0.37%）。与 2017 年～2020 年报告结果相比，2021 年抗甲状腺药物类不合规样品率降低，类固醇类不合规样品率高于 2020 年，但与前几年相比有所下降。对于禁用物质，2021 年数据与 2017 年和 2018 年持平。其他环境污染物、化学元素（包括金属）和染料的不合规样品率较往年有所下降。表 7-2 对这份报告中肉与肉制品相关的部分数据进行了汇总。

---

① European Food Safety Authority. Report for 2021 on the results from the monitoring of veterinary medicinal product residues and other substances in live animals and animal products [R/OL]. https://efsa. onlinelibrary. wiley. com/doi/10. 2903/sp. efsa. 2023. EN-7886

表7-2 2021年欧盟范围内动物活体及相关制品中兽药残留和其他物质监测结果报告摘要

种类	产量（只/吨）	采样量（只/吨）	不合规样品数量（只/吨）	不合规样品百分比	不合规结果数量（只/吨）
牛	24084091	97702	264	0.27%	351
猪	246322598	122058	138	0.11%	312
绵羊/山羊	20216377	12285	82	0.67%	86
马	167951	2490	19	0.76%	27
家禽	13641992	67118	50	0.07%	54
兔	128354	1464	5	0.34%	5

（三）美国食品安全监管机构

美国农业部（USDA）、美国食品和药物管理局（FDA）、美国卫生与公众服务部（HHS）和环境保护署（EPA）都是负责食品安全某些方面的联邦监管实体。每个部门在食品分销链的不同节点之间都有不同的管辖权。其中肉及其相关食品通常分别由 USDA 和 FDA 划分管理。

单核细胞增生李斯特菌（ *listeria monocytogenes* ），简称单增李斯特菌，是一种重要的食源性病原体，每年在美国导致 2500 例病症，并使得 2300 人住院，其中约 500 人死亡。为了更好地了解单增李斯特菌的感染途径，FDA 和 USDA 下属的食品安全检验局（FSIS）合作，对单增李斯特菌开展了定量的微生物风险评估，比较了 23 类即食食品中单增李斯特菌的风险差异。[①] 早在 2003 年完成的风险评估结果表明，熟食肉制品是最大的单增李斯特菌风险来源，每年约导致 1600 起疾病。基于上述研究，研究人员修改了 2003 年的风险评估模型，加入四类熟肉制品：零售切片熟肉、预包装熟肉以及有无添加生长抑制剂的上述两类产品。暴露途径则由多个阶段组成。在零售阶段首先确定初始单增李斯特菌水平，生长阶段使用指数函数来模拟熟肉制品中单增李斯特菌在零售、购买及消费环节之间的生长，消费阶段使

---

① Food Safety and Inspection Service. Comparative Risk Assessment for Listeria monocytogenes in Ready-to-eat Meat and Poultry Deli Meats［R/OL］. https：//www.fsis.usda.gov/sites/default/files/media_file/2020-7/Comparative_RA_Lm_Report_May.

用食用量和食用次数的数据来估计消费者对熟肉制品中单增李斯特菌的暴露，最后将估计的暴露量与剂量—反应关系相结合，预测食用熟肉引发的李斯特菌病死亡概率。风险评估结果表明，在食用熟肉制品而导致的李斯特菌病案例中，大约83%归因于在零售店中切片和包装的熟肉制品，其余的是来自预包装的熟肉制品，这在不含添加抑制剂的组别中也得到了证实。

产气荚膜梭菌（*clostridium perfringens*）中部分菌株会产生肠毒素，是常见的食源性病原微生物之一。食用被此类菌株污染的食品可能导致腹部绞痛、恶心和腹泻。USDA/FSIS 对即食产品、半熟肉类和家禽产品中的产气荚膜梭菌进行了定量风险评估。[①] 该风险评估使用计算机程序对从个人食品摄入量持续调查（CSFII）中选出的含肉食品进行蒙特卡洛模拟，风险评估主要结果表明，在美国，每年约发生 79000 起由即食食品、半熟肉类和家禽产品引起的疾病（以 $1-\log_{10}$ 增长来计算），若增速增长至 $2-\log_{10}$ 及 $3-\log_{10}$，则病例数量年平均增加 $1.23 \sim 1.29$ 倍；在家或零售店中由于不恰当冷藏导致的预期疾病所占比例约为 90%，不恰当保温预期病例数量则约为 8%；与加工厂的环境相关联的预期疾病占比较小；产肉毒杆菌较产气荚膜梭菌对低温更耐受，为抑制产气荚膜梭菌生长而采取的措施可能无法对产肉毒杆菌产生相同影响。

大肠杆菌 O157：H7 于 1982 年首次被确认为人类病原体，之后大肠杆菌 O157：H7 开始成为世界范围内的公共卫生问题。1999 年，美国疾病预防控制中心（CDC）估计，美国每年发生 7600 万起食源性疾病，其中约 62000 例是因食源性大肠杆菌 O157：H7 污染而出现的症状。USDA/FSIS 的公共卫生与科学办公室在其他联邦机构、行业和公众的参与下，对于碎牛肉中大肠杆菌 O157：H7 相关的疾病风险进行了评估，[②] 在风险评估中暴露评估的目的是通过模拟从农场到餐桌的过程，来估计碎牛肉中大肠杆菌 O157：H7 的感染率和数量。暴露评估从生产、屠宰和准备三个阶段进行，分别估计了农场中大肠杆菌 O157：H7 感染的牛群数量和牛群内的流行率、

① Food Safety and Inspection Service. Risk Assessment for Clostridium perfringens in Ready-to-Eat and Partially Cooked Meat and Poultry Products. [R/OL]. 2005. https：//www.fsis.usda.gov/sites/default/files/media_file/2020-07/CPerfringens_Risk_Assess_Metrics_Report.

② Food Safety and Inspection Service. Risk Assessment of E. coli O157：H7 in Ground Beef. [R/OL]. 2001. https：//www.fsis.usda.gov/sites/default/files/media_file/2020-07/00-023NReport.

胴体上和牛肉内的大肠杆菌 O157：H7 的感染率和数量、大肠杆菌 O157：H7 在碎牛肉中的感染率和数量。风险特征描述将暴露评估的结果与危害特征描述的结果结合起来，以估计碎牛肉中 O157：H7 大肠杆菌的感染风险。结果表明，美国普通民众因一份碎牛肉引起大肠杆菌 O157：H7 感染概率中值估计为 $9.6×10^{-7}$，即每 100 万份中约有 1 人患病。对于 0~5 岁的儿童，风险为 $2.4×10^{-6}$，即每 100 万份中约有 2.5 人患病。

（四）澳大利亚和新西兰

澳大利亚新西兰食品标准局（FSANZ）是由澳大利亚和新西兰政府设立并共同管理的独立法定机构。FSANZ 为澳大利亚和新西兰制定食品标准，主要职责范围包括乳制品、肉类和饮料等食品的标准规范，以及色素、添加剂、维生素和矿物质的添加准则。

澳大利亚新西兰食品标准局于 2002 年开展了一项定量评估，以 380 个熟虾为样本，目的是确定单增李斯特菌的污染率和污染水平。[①] 样品采集由各州卫生部门进行，食品分析由澳大利亚政府分析实验室（AGAL）和西澳大利亚州病理学和医学研究中心进行。在 380 个单增李斯特菌检测样本中，只有 12 个样本（3%）检测结果呈阳性，与未去皮熟虾相比，去皮熟虾的污染率更高（分别为 2% 和 8%）。根据此项调查结果，FSANZ 对甲壳类动物熟食中的单增李斯特菌的微生物风险评估进行了概率建模。该模型估计，假设在食品储存期间无单增李斯特菌生长，那么在澳大利亚估计每 1600 年才可能因食用受污染的甲壳类动物熟食而产生一例李斯特菌病；若允许单增李斯特菌在贮藏期间生长，在最坏的情况下，每 2.5 年可能会发生一例相关病症。本次调查结果表明，澳大利亚熟虾中单增李斯特菌的污染率（3%）和污染水平（<50CFU/g）均较低，对公众健康和安全产生风险较小，但高危人群还应尽量避免食用去皮熟虾。

[①] Food Standards Australia New Zealand. Listeria risk assessment and risk management strategy final assessment report ［R/OL］. 2002. http：//www.foodstandards.gov.au/~srcfiles/P239listeriaFAR.pdf

四、国内肉与肉制品食品安全风险评估项目介绍

（一）南京市食用猪肉和内脏中的重金属浓度及相关健康风险评估

日常饮食是人类摄入重金属的主要途径。食品中重金属污染物含量过高可能会引发人体的不良反应，对健康造成影响。猪肉作为我国常见的肉类产品，其在饲养、屠宰、加工和流通过程中易受重金属污染。在此项目中，研究人员对南京市食用猪肉不同肌肉和食用内脏中的重金属铬（Cr）、砷（As）、镉（Cd）、汞（Hg）和铅（Pb）的浓度及相关健康风险进行了评估。

根据国人的饮食习惯，研究人员从南京五个地区的当地超市和农贸市场购买了五种不同部位的猪肉（肩胛肉、猪腿肉、大里脊、小里脊、猪肚）和三种食用内脏（肝、肾、肠）。总共从五个地区获得了共80个样本，所有的样品在采集后立即进行了密封，以防止水分蒸发和空气污染。此次项目中使用的所有器具都是无菌、干燥且无重金属污染的。重金属含量使用ICP-MS质谱仪测定。

项目中重金属的估算每日摄入量（EDI）通过公式7-1计算。

$$EDI = \frac{C \times I}{B_W} \qquad (7-1)$$

其中C为重金属浓度，I为日均猪肉摄入量。由《2016年中国统计年鉴》可知，我国人均日摄入猪肉量为55.1g。B_W是平均体重，根据《中国营养与慢性病状况报告（2015）》中数据设定为61.8kg。

目标危险系数（THQ）是基于污染物暴露剂量与参考剂量的比率，是美国环境保护局（USEPA）在2000年建立的一种方法，用于同时评估单一或多种重金属的暴露风险。通过公式7-2计算出THQ的数值。

$$THQ = \frac{E_D \times E_F \times F_{IR} \times C}{RfD \times W \times T} \qquad (7-2)$$

其中E_D为中国人的平均寿命，本项目中使用的数据为2015年国人平均预期寿命76.34岁。E_F是暴露频率，即每年365天。F_{IR}代表猪肉和内脏

的平均摄入量。C、W 和 T 分别代表重金属浓度、平均体重和非致癌物的平均暴露时间。RfD 为参考剂量，它被认为是人群在长期暴露情况下是否存在风险的界限。THQ 值是根据暴露剂量进行计算的，该剂量即为吸收的重金属剂量，日常烹饪过程对其并无影响。当 THQ 值小于 1 时，对暴露人群的健康危害可以忽略不计。如果 THQ 值等于 1，可能会导致人体出现非致癌风险，且风险指数与 THQ 值的增加呈正相关。

总目标危险系数（TTHQ）被用来评估累积的非致癌健康风险，暴露于两种或两种以上的污染物可能会增加总 THQ 值。本研究中用公式 7-3 计算得出。当 TTHQ 值大于 1 时，可能对人体健康带来潜在风险。

$$TTHQ = \sum THQ \tag{7-3}$$

铬、砷、镉、汞、铅的参考剂量（RfD）值均来自食品添加剂联合专家委员会（JECFA）设定的每周耐受摄入量，分别为 $21\mu g/kg$、$15\mu g/kg$、$7\mu g/kg$、$4\mu g/kg$、$25\mu g/kg$。猪肉不同部位的估算每时摄入量如图 7-2 所示。可以看出，肾脏中镉的平均 EDI（$2.43\times10^{-1}\mu g/kg$）明显高于其他器官，而肠中镉的平均 EDI（$9.9\times10^{-4}\mu g/kg$）最低。由参考剂量值可知，所有样品都远远低于各自的推荐水平，从而说明正常食用猪肉内脏对人体是安全的。

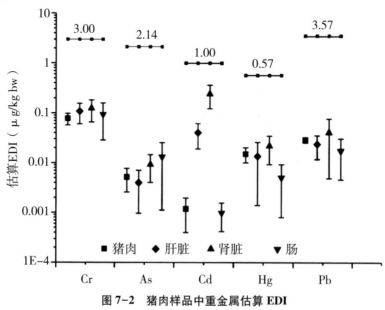

图 7-2　猪肉样品中重金属估算 EDI

图 7-3 显示了五种重金属的 THQ 值。可以看出，肾脏中镉的平均 THQ 值（0.08）明显高于其他器官（$p<0.05$），而肠中镉的平均 THQ 值最低（$3.33×10^{-4}$）。考虑到每个样品中五种重金属均为同时摄入，因此也计算了 TTHQ，结果表明肾脏中的 TTHQ 最大（0.366），但仍然远小于 1。这表明在食用正常猪肉时，对人体健康危害的潜在风险可以忽略不计。

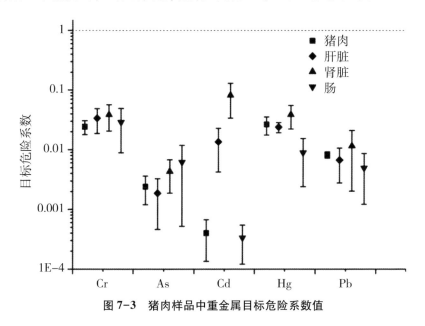

图 7-3　猪肉样品中重金属目标危险系数值

风险评估结果显示，80 个样品中有 6 个样品中检测到的汞浓度超过了最大允许浓度。尽管各样品之间浓度有显著差异（$p<0.05$），但大多数内脏，特别是肾脏，比其他部位重金属含量更高。此外，健康风险评估显示，所有样品估计的日摄入量都远远低于限值，所有目标危害系数和总目标危害系数都小于 1，可以认定是对人类健康安全的。尽管如此，考虑到日常生活中猪肉的长期食用，超过可接受限度的汞含量可能会带来风险，应引起足够的重视。

（二）单增李斯特菌在生熟食品交叉污染中的风险评估[①]

单增李斯特菌是一种重要的食源性病原体，其可以生长黏附于食品和

---

① 董庆利、陆冉冉、汪雯等：《案板材质对单增李斯特菌在生熟食品间交叉污染的影响》，载《农业机械学报》2016 年第 3 期，第 207~213 页。

接触器皿表面，通过增殖形成生物菌膜，对食品安全具有极大的威胁。本项目以单增李斯特菌为研究对象，选定木制案板、塑料案板及不锈钢案板作为介质，模拟了四种常见情况下的食品制备过程，并分别测定了卤猪舌、案板表面和黄瓜中在转移过程中单增李斯特菌的污染水平（lgCFU/g）。

项目的第一部分探讨了不同材质案板对单增李斯特菌由卤猪舌到黄瓜中转移率的影响。图7-4为模拟出的四种制备过程，其中 S 为不同场景，下标 x 分别为 w 代表木质案板，p 代表塑料案板，s 代表不锈钢案板。首先取活化培养好的菌悬液接种于卤猪舌表面后，切片静置于无菌木板，按照消费者的习惯，不同材质案板在间隔0h、6h 和18h 后，分四个场景切黄瓜并测定卤猪舌、案板和黄瓜间的污染水平转移率。同时取菌液经结晶紫染色、乙醇洗脱后上镜观察，判定是否有生物菌膜形成。结果表明，在相同材质的案板上，场景1~4转移率呈现依次递减趋势；在相同场景下，木质案板的转移率明显高于其他材质案板。此外，在6h 和18h 时间点未能观察到生物菌膜的形成。

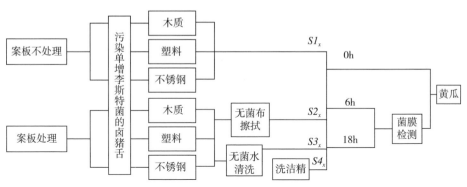

图7-4　卤猪舌由案板至黄瓜的交叉污染流程

项目第二部分旨在定性分析单增李斯特菌在不同材质案板上的交叉污染情况，分别在不同材质案板上对卤猪舌和生黄瓜进行切片处理，并测定交叉场景下卤猪舌、案板与黄瓜间单增李斯特菌的污染水平（lgCFU/g）。场景具体设置如表7-3所示。查阅资料，使用一级 Baranyi 模型修改式及二级主参数模型对黄瓜中单增李斯特菌的生长进行模拟。根据食品安全目标（FSO）计算12种交叉污染（4种场景×3种材质案板）过程的污染水平，进行风险等级排序，并以即食食品中单增李斯特菌的食品安全目标FSO值2

（lgCFU/g）为标准去比较。

表7-3　案板在4种场景下的处理方式

场景	处理方式
1	案板使用后不做处理，用擦拭取样法测带菌量
2	案板使用后用无菌布擦拭，用擦拭取样法测带菌量
3	案板使用后用无菌水冲洗沥干，用擦拭取样法测带菌量
4	案板使用后用洗洁精、无菌水冲洗后沥干，用擦拭取样法测带菌量

　　结果如表7-4所示。木质案板场景1（$S1_w$）、塑料案板场景1（$S1_p$）和不锈钢案板场景1（$S1_s$）风险等级最高；场景2、3和4下，木质案板风险等级分别为2、3、3，高出塑料和不锈钢案板（3、4、4）一个风险等级。可以得出，在案板不进行任何清洗处理的情况下，最易引发交叉污染，木质案板相比其他2种材质案板的风险较大。

表7-4　不同场景下的风险等级判定

场景	变量	>2logCFU/g（FSO）值	风险等级
1	$S1_w$	5.998	1
	$S1_p$	5.659	1
	$S1_s$	5.844	1
2	$S1_w$	4.778	2
	$S1_p$	4.289	3
	$S1_s$	4.249	3
3	$S1_w$	3.979	3
	$S1_p$	2.595	4
	$S1_s$	2.684	4
4	$S1_w$	3.792	3
	$S1_p$	2.169	4
	$S1_s$	1.824	4

　　项目最后一部分，即在前两部分的基础上，结合消费者卫生习惯有关行为频率调查数据，进行暴露评估的相关研究，目的是量化单增李斯特菌通过不同材质的案板在生熟食品中交叉污染的影响。猪舌样品接菌后放置大约15min切片，将黄瓜放在案板上猪舌相同位置切开。同样设计四种场景。在厨房模拟环境中建立不同操作模式下的食品暴露评估模型（暴露模型见图7-5），并比较消费者食用经不同案板场景处理后的被污染食品的发病概率。

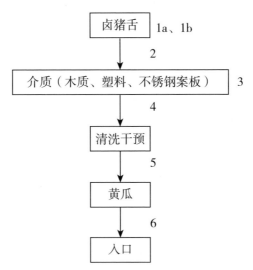

图7-5　食物经不同操作方式的暴露评估模型

　　其中：1a为卤猪舌污染概率，1b为卤猪舌的浓度分布；2为卤猪舌包装袋流出汁液体积；3为总的污染面积；4为案板与污染卤猪舌的接触面积；5为不同材质案板到黄瓜的转移率；6为黄瓜到入口的转移率。

　　结果显示，每组转移率都在一定范围内变化，相同情景下不同材质案板的转移率在实验中差异明显（$p<0.05$）。卤猪舌到黄瓜的暴露评估模型显示，交叉污染对消费者有一定的潜在风险。而木质案板的风险明显高于其他两种材质的案板。具体3种材质案板在不同处理方式下致使易感人群和非易感人群发病的概率见表7-5。

表 7-5　不同种材质案板在不同处理方式下导致的发病概率

案板材质	处理方式	易感人群中单增李斯特菌发病概率（每人/事件）	非易感人群中单增李斯特菌发病概率（每人/事件）
木质	未处理表面	$4.55×10^{-12}$	$4.15×10^{-12}$
	处理表面	$3.61×10^{-12}$	$3.28×10^{-12}$
塑料	未处理表面	$4.10×10^{-12}$	$3.74×10^{-12}$
	处理表面	$3.37×10^{-12}$	$3.06×10^{-12}$
不锈钢	未处理表面	$4.26×10^{-12}$	$3.89×10^{-12}$
	处理表面	$3.37×10^{-12}$	$3.07×10^{-12}$

与塑料案板和不锈钢案板相比，木质案板的安全风险较高。通过一系列常规清洁处理会使交叉污染的概率降低，但交叉污染的风险是无法完全消除的。建议消费者可考虑选购非木质的案板，且使用过程中要注意及时清洁，对于生熟食品应选用不同案板处理。

（三）我国零售鸡肉中非伤寒沙门氏菌污染对人群健康影响的初步定量风险评估[①]

非伤寒沙门氏菌（NTS）是全球最常见的食源性致病菌之一，在全球范围内是一个重大的公共卫生挑战。欧盟 2006 年报告的人类沙门氏菌病病例数为 167240 例，平均每 10 万人中就有 34.6 例病患。为了开发降低普通居民因食用鸡肉罹患 NTS 感染的措施，国家食品安全风险评估专家委员会组织开展了我国零售鸡肉中 NTS 污染对人群健康影响的初步定量风险评估工作。

本次评估收集了全国多个地区 2010~2012 年整鸡样品 1595 份，其中零售阶段有大约半数的整鸡样品中 NTS 检测呈阳性。整鸡样品阳性率存在季节差异，8 月采集样品的阳性率约为 1 月的两倍。据调查，我国消费者每餐鸡肉的平均消费量为 105g，在家庭烹饪阶段案板生熟分开的比例仅占全部

---

① 国家食品安全风险评估专家委员会：《我国零售鸡肉中非伤寒沙门氏菌污染对人群健康影响的初步定量风险评估》，国家食品安全风险评估专家委员会技术性文件（No.2013-001）。

调查的 31.1%。暴露评估中将会涉及鸡肉中 NTS 增长模型、家庭烹饪过程中 NTS 交叉污染模型和 NTS 剂量—反应关系模型三个方面。调查结果发现，我国居民在烹饪过程中因发生交叉污染而罹患 NTS 感染的平均风险为 5.8×10^{-5}（95%CI，$4.9 \times 10^{-5} \sim 7.2 \times 10^{-5}$）。通过降低零售环节鸡肉中 NTS 的污染水平至不可检出水平、对使用案板处理鸡肉时生熟分开和在使用完案板后及时用洗涤剂清洗这三种方式，可将居民罹患 NTS 感染的风险分别降低 53%、65% 和 46%。

综上，应通过制定良好生产规范，加强对零售环节生鸡肉储藏的管理，降低生鸡肉中 NTS 污染或交叉污染；在家庭烹饪环节，应养成良好的卫生习惯，坚持案板生熟分开并及时清洗。

五、大型活动肉与肉制品食品安全风险评估现状和建议

大型活动餐饮服务供应人数众多、对象特殊、用餐集中，极易发生食品安全事件，不但严重危害参会人员健康，也往往成为国内外舆论关注的热点。其食品安全风险较一般活动供餐更大，给食品安全保障工作带来了巨大的工作压力和成本支出。国家食品安全风险评估中心、中国疾病预防控制中心传染病预防控制所等机构整理了我国 2002~2016 年学校、宾馆及单位食堂食源性疾病（食物中毒）事件数据，发现我国发生食物中毒事件涉及的食品类别包括蔬菜及其制品、肉与肉制品、水产及其制品、粮食及其制品、菌类及其制品、豆及豆制品、调味品、蛋及蛋制品、饮用水、乳及乳制品等 15 个大类。其中肉与肉制品共计 666 起（占比 6%），主要原因是致病菌污染，如贮藏不当引起沙门氏菌、金黄色葡萄球菌、变形杆菌等致病微生物的繁殖污染，其次是瘦肉精和亚硝酸盐污染。因此，大型活动肉与肉制品的食品安全问题不可忽视。[1][2]

与肉与肉制品相关的食品安全问题可分为物理、化学和生物危害。物

① 刘明、曹梦思、彭雪菲、魏麟、郭新光、李春雷、徐进、张建中、李凤琴：《重大活动中食源性疾病的食品安全风险评估分级研究》，载《中国食品卫生杂志》2021 年第 6 期，第 657~665 页。
② 熊子灵：《浅谈我国重大活动食品安全监管法规现状》，载《食品安全导刊》2021 年第 16 期，第 22~25 页。

理危害在生产链的任何阶段都会污染肉或其产品，并且可能导致伤害，但很少导致死亡。肉类产品可能会受到几个来源的物理危害的污染，如受污染的原材料、设计或维护不当的设施和设备、加工过程中的错误程序以及不当的员工培训和实践。这些是外来材料（如绞肉中的金属碎片），并且可以在生产的任何阶段引入肉中。潜在的物理危害可能导致口腔割伤或撕裂，并可能损害胃肠道。玻璃等各种物质（灯泡和玻璃食品容器）、金属（来自设备的碎片，如碎片、刀片、针、器具）、塑料（包装材料、用于清洁设备的器皿碎片）、石头、木材（来自用于储存或运输配料或食品的木结构的碎片），食物中的天然成分，如坚硬或尖锐的部分（碎肉中的骨头碎片），是肉类中最常见的物理危害来源。通过良好生产规范（GMP），加工者可以在生产、加工、储存和运输过程中以及在肉类服务场所防止肉类和肉类产品中的物理危害。①

食用动物经常暴露于数千种天然和人造的非营养性饲料成分。动物通过直接或间接方式暴露于某些有害化学物质会对受体动物造成伤害（毒性作用），如果不及时清除，它们可能会在肉类、牛奶或鸡蛋中留下残留物。同样，肉和肉制品在生产和加工的任何阶段都可能被各种化学品和/或添加剂污染。与肉和肉制品有关的化学危害可能有三个来源：（1）非故意添加的化学品：农药、除草剂、兽药、化肥、清洁剂、消毒剂、油、润滑剂、油漆、杀虫剂、铅、镉、汞、砷、多氯联苯等。（2）自然发生的化学危害：植物、动物或微生物代谢产物，如黄曲霉毒素。（3）有意添加的化学品：防腐剂、食品添加剂、加工助剂等。②

肉与肉制品的生物危害主要是由于在生产过程中未遵循卫生和健康规范，导致肉与肉制品受到细菌、寄生虫和病毒等各种生物危害的污染。动物在屠宰、取出内脏、清洗和去骨的加工过程中，胴体的皮下经常暴露于周围环境或与存在于毛发、胃肠道和呼吸道等中的微生物接触。除粪便外，动物屠宰和肉类加工过程中使用的水、空气、肠内容物和淋巴结、未充分

① Gaze R R, Campbell A J. GMP, HACCP and the prevention of foreign bodies. Detecting foreign bodies in food, 2004: 14-28.

② Zhang H, Chen Q, Niu B. Risk assessment of veterinary drug residues in meat products. Current Drug Metabolism, 2020, 21 (10): 779-789. Tilahun A, Jambare L, Teshale A, et al. Review on chemical and drug residue in meat. World J. Agric. Sci, 2016, 12 (3): 196-204.

清洁和消毒的加工设备（如切片机、切丁机、器具和包装机械）仍可能被微生物污染，并成为交叉污染的来源。动物饲料、啮齿类动物、鸟类、昆虫、车辆和用于动物运输的板条箱/容器等其他生物危害源也可能导致肉类交叉污染。生物危害也可能存在于食品成分中，如作为盐和肉类加工和各种产品配方中使用的其他添加剂。为控制肉和肉制品的微生物负荷，应严格遵守不同的食品安全措施，根据 HACCP 确定和监控动物产品和加工过程的每个操作的关键控制点（CCP）。①

综上所述，肉与肉制品在大型活动餐饮中的比例较高，且肉与肉制品的产业链条较长，养殖源头环境污染的兽药残留和重金属污染较重，屠宰加工环节的交叉污染高发，流通环节因冷链物流落后、运输条件差，销售终端贮藏条件不能满足产品要求、卫生条件差等原因，导致产业链终端的餐饮环节出现食品中毒的风险明显高于其他类型产品。为此，开展包括餐饮环节的肉与肉制品中有害物的风险评估非常重要。为此，本节概述了欧盟、美国、日本等发达国家或地区以及国内肉与肉制品食品安全的风险评估现状，同时提出健全食品安全风险分析评估体系的措施和建议。

联合国粮农组织（Food and Agriculture Organization of the United Nations, FAO）、世界卫生组织（World Health Organization, WHO）设立了食品添加剂联合专家委员会（The Joint FAO/WHO Expert Committeeon Food Additires, JECFA）、农药残留联席会议（Joint Meeting on Pesticide Residues, JMPR）及微生物风险评估专家会议（Joint FAO/WHO Expert Meetings on the Microbiological Risk Assessment, JEMRA），前者负责食品添加剂、化学、天然毒素、兽药残留和农药风险评估；后者负责微生物的风险评估。食品法典委员会（Codex Alimentarius Commission, CAC）对风险分析进行研究，在食品理化性质、食品中微生物和转基因食品的危险性评估等方面做出卓越成绩。1956 年 JECFA 成立至今，已对 1300 多种食品添加剂安全性、25 种食品中污染物和自然产生的有毒物质，以及大约 100 种兽药残留物进行了评估，

---

① Bassam S M, Noleto-Dias C, Farag M A. Dissecting grilled red and white meat flavor: Its characteristics, production mechanisms, influencing factors and chemical hazards. Food Chemistry, 2022, 371: 131139. Bhandari N, Nepali D B, Paudyal S. Assessment of bacterial load in broiler chicken meat from the retail meat shops in Chitwan, Nepal. International Journal of Infection and Microbiology, 2013, 2 (3): 99-104.

还为食品中化学物质的安全性评估制定了若干原则。食品安全风险评估是目前国际通用的食品安全防范方式，是继食品卫生质量管理体系和HACCP技术后在食品安全管理方面的第三次高潮，它重点对人类健康的直接危害以及整个食物链进行分析，在食品安全管理中得到广泛应用。[①]

（一）欧盟

2002年欧洲食品安全局（European Food Safety Authority，EFSA）建立，规定了食品安全事务管理程序。EFSA是一个独立的风险评估机构，有别于美国的食品药品管理局，它只负责风险评估和交流，提供独立整合的科学意见，让欧盟决策单位在面对食物链直接与间接相关问题及潜在风险时能做出适当的决定，并向公众提供风险评估结果和信息，而规章制度则由欧盟委员会和欧盟议会制定。这样可避免一个机构既当裁判员又当运动员的现象。此后，欧共体制定了食品法规的原则和要求，如欧盟食品和饲料快速预警系统（Rapid Alert System of Food and Feed，RASFF）。2010年EFSA发布了生猪饲养和屠宰过程中沙门氏菌的定量风险评估报告，2011年报道了肉鸡链中空肠弯曲菌的定量风险评估。与此同时，欧盟又研究肉与肉制品食品质量安全控制和微生物风险评估，建立货架期预测模型、鱼类新鲜度快速评价方法，实现产品流通信息实时透明、可追溯与风险分析，提升整个供应链质量安全。

（二）美国

1997年美国颁布"总统食品安全计划"，建立联邦机构"风险评估协会"，开展微生物危害评估研究。构建了5个风险分析职能部门：（1）卫生部食品、药品管理局（Food and Drug Administration，FDA），其职责是食品安全法律的执行，全程监控食品生产和销售，召回不合格产品，制定食品

[①] Van Schothorst M. Microbiological risk assessment of foods in international trade. Safety science, 2002, 40（1-4）: 359-382. Jeong S H, Kang D, Lim M W, et al. Risk assessment of growth hormones and antimicrobial residues in meat. Toxicological research, 2010, 26: 301-313. Boobis A, Cerniglia C, Chicoine A, et al. Characterizing chronic and acute health risks of residues of veterinary drugs in food: latest methodological developments by the joint FAO/WHO expert committee on food additives. Critical Reviews in Toxicology, 2017, 47（10）: 889-903.

法典、条令、指南和良好食品加工操作规程。（2）农业部食品安全检验局（Food Safety and Inspection Service，FSIS），其职责是屠宰卫生检验。用于监管肉类、家禽产品生产记录与计算机软件处理检出的疫病及疫情信息汇总与多元分析，通过刊物向全国定期公布检出疫病及采取扑灭疫病措施，正确使用标签，确保肉、禽、蛋产品安全。采用三项卫生措施：一是驻场兽医配合官方兽医师对家畜、家禽出栏时签发检疫健康证明，方能进入屠宰场进行卫生检验；二是对产品或活畜来源与流向提供跟踪和查询的病原管理系统；三是危害分析与关键控制点（HACCP）系统。制定生产标准，资助肉类和家禽安全研究工作等。（3）疾病预防控制中心（Center for Disease Control and Prevention，CDC），其职责是对食源性疾病展开调查、监测、预防、响应及其研究与培训。负责监控食品以及对重大疫病的病例进行取样检验，借助风险分析软件对全国或局部范围疫情进行科学检测分析。（4）动植物健康检验局（Animal and Plant Health Inspection Service，APHIS），其职责是以计算机为辅助手段，将疫情信息从各监测点（即各口岸、各进出口贸易国）通过信息网络及时传输到检疫局中心控制室。中心控制室可从计算机网络上随时查询到各监测点的疫情动态，包括疫情检疫结果，某时间内疫情发生及分布情况等。（5）环境保护局（Environmental Protection Agency，EPA），其职责是保护公共卫生、保护环境，承担从源头上预防、控制环境污染和环境破坏。负责环境污染防治的监督管理；组织指导城镇和农村的环境综合整治与协调、监督生态保护工作；制定水体、大气、土、噪声、光、固体废物、化学品等的污染防治管理制度。同时，拟订生态保护规划，组织评估生态环境质量状况，监督对生态环境有影响的自然资源开发利用活动、重要生态环境建设和生态破坏的恢复工作，使饮用水水源地环境保护等方面免受杀虫剂和活性剂危害；提出接受和容纳公众作为合法的合作伙伴，发布了风险交流七大原则。[①]

---

① Gaylor D W, Axelrad J A, Brown R P, et al. Health risk assessment practices in the US Food and Drug Administration. Regulatory Toxicology and Pharmacology, 1997, 26（3）: 307-321. Jenson I, Sumner J. Performance standards and meat safety—Developments and direction. Meat Science, 2012, 92（3）: 260-266. Ragan V E. The animal and plant health inspection service（APHIS）brucellosis eradication program in the United States. Veterinary microbiology, 2002, 90（1-4）: 11-18. Kumar S. Biopesticides: a need for food and environmental safety. J Biofertil Biopestic, 2012, 3（4）: 1-3.

上述五个部门在制定食品安全标准，实施食品安全监管、食品安全教育等方面各司其职，建成职能明确、管理有序、运行有效的食品安全管理体系。风险分析是美国制定食品安全管理法律的基础，也是美国食品安全管理工作的重点。

（三）日本

为响应公众对食品安全问题的日益关注及提高食品质量安全的需求，2003 年日本颁布了《食品安全基本法》，成立了食品安全委员会，下设 16 个专家委员会，分别就不同种类的食品进行风险评估及风险交流工作。以委员会为核心，实行综合管理，建立由相关政府机构、消费者、生产者等广泛参与的风险信息沟通机制，当发生食品安全突发事件时将采取预警措施。①

（四）澳大利亚

1995 年在澳大利亚进口加拿大鲜鱼风险分析案中，专家组在公告和磋商风险分析草案报告后提出禁止进口的政策建议，为国内鲜鱼产业赢得较长的调整时间。2004 年 12 月澳大利亚设立生物安全局，负责进口风险分析，并成立了独立审议风险分析报告的科学家小组。风险分析在澳大利亚生物安全保护工作中发挥了重要作用。澳大利亚政府的检验检疫水平，是衡量进口动植物或其他货物检疫风险的标准。如果风险超过了澳大利亚可接受的检疫风险水平，就需要采取风险管理措施来降低风险水平。若风险水平不能降低到可接受的水平，则不允许进行此项目的贸易。澳大利亚生物安全局向动物和植物检疫署署长提供动物和植物检疫政策的建议。澳大利亚检验检疫局（Australian Quarantine and Inspection Service，AQIS）负责执行风险管理措施。②

① Jussaume Jr R A, Shûji H, Yoshimitsu T. Food safety in modern Japan. Japanstudien, 2001, 12 (1): 211-228. Yasui A. New food control system in Japan and food analysis at NFRI. Accreditation and Quality Assurance, 2004, 9: 568-570.

② Ropkins K, Beck A J. Evaluation of worldwide approaches to the use of HACCP to control food safety. Trends in Food Science & Technology, 2000, 11 (1): 10-21. Crerar S K, Bull A L, Beers M Y. Australia´s imported food program-a valuable source of information on micro-organisms in foods. Communicable diseases intelligence quarterly report, 2002, 26 (1): 28-32.

（五）中国

食品安全风险评估涉及食品、微生物、化学、流行病学、药学、毒理学和统计学等多方面知识，我国跨学科人才还比较缺乏，开展食品安全风险评估研究工作的单位和人员有限。因此，相对国外形式多样、种类繁多的食品安全风险评估报告，我国的风险评估报告数量还远远不够。为规避动物食品安全风险，在动物产品加工、流通和销售等环节，监督管理必须贯穿始终。目前，我国已制定了一些配套的法律法规、管理办法等，如2009年实施的《食品安全法》。《食品安全法》规定，中国应建立食品安全国家风险评估体系，评估食品中生物和化学危害的风险，极大地推动了我国风险评估工作的发展。2009年年底，卫生部成立了国家食品安全风险评估专家委员会及其秘书处，制定了年度工作计划和一系列工作制度。随后，2011年10月，中国国家食品安全风险评估中心成立，作为独立于风险管理部委的机构，进行科学的风险评估，其风险评估中心的主要组织机构如图7-6所示。由于专门为婴幼儿、孕妇、老年人等敏感人群和污染物水平较高、膳食摄入量较大等特殊地域作的评估报告较少，新修订的《中华人民共和国食品安全法》（2021）在第二章专门列入食品安全风险监测和评估，其中第十七条要求国家建立食品安全风险评估制度，运用科学方法，根据食品安全风险监测信息、科学数据以及有关信息，对食品、食品添加剂、食品相关产品中生物性、化学性和物理性危害因素进行风险评估。

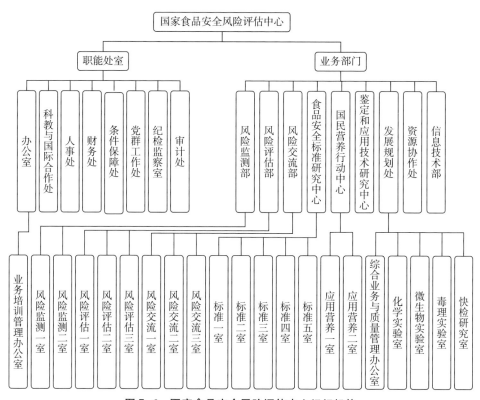

图 7-6 国家食品安全风险评估中心组织机构

（六）健全食品安全风险分析评估体系的措施和建议

1. 提高食品安全风险管理水平及意识

风险管理，指根据风险评估结果制定相应措施以减少风险。实行风险管理是基于对"有限政府"的认识，集中政府有限的精力、资源，投入到最需要进行监管的事项上。充分发挥国家食品安全委员会的综合协调管理功能，通过梳理、整合各监管部门的食品安全监督检测数据，建立食品安全风险分析评估中心的监测数据中心，及时评估处理、发布食品安全风险信息等。实现风险分析与管理的分离，这既防止了重复建设，又保证了信息的时效性、综合利用度；既可提高信息的透明度，又可以及时监督观察各监管部门的监管情况。

2. 健全食品安全风险分析评估指南、规范

只有制定详细、具体、具有可操作性的食品安全风险分析评估指南、

规范，才能有效地落实食品安全的各项保障工作，国际上已制定了部分相关的风险分析法规或准则，如联合国粮农组织制定的《有害生物风险分析准则》，美国制定的《风险分析内部指南》等。我国可以借鉴国外的先进经验，梳理食品安全风险分析评估的相关法律法规，统一整合为包括食品安全各个环节的风险分析准则。另外，根据科学研究成果，及时更新、制定详细、操作性强的指南、规范，使工作中面临各环节的风险分析问题都有法可依、有标准可执行。

3. 健全全国的食品安全风险分析机构网

风险评估结果是制定食品中有害物质控制标准、风险管理措施和相关政策的科学依据。首先，充分发挥食品质量安全专家委员会的作用，整合各监管部门现有的食品安全科研机构、实验室、监测中心等，使之成为遍布全国的、独立的、权威的食品安全评估中心或分支（检测）网络，以应对分散于农业、质监、工商、卫生等相关部门、各个环节的食品安全风险因子，进行有效的风险分析评估工作。同时受理委托或投诉评估，以保障食品上市前及群众举报的食品安全问题得到及时解决，提高食品安全分析评估的科学性和有效性，为风险管理提供基础。其次，应该建立和加强政府部门与学校、企业等科研机构紧密合作协同机制，培训现有的食品安全相关的科研工作人员，不断提高专业队伍的技术水平。鼓励和支持各研究中心、企业、学校等单位开发预测性模型和其他相关监管新方法、新技术，提升风险分析评估的技术水平，提高我国食品安全的国际话语权。

4. 健全食品安全风险因子的收集平台、报送平台

食品安全风险评估的关键是信息及评估结果的准确性和时效性。食品安全风险信息收集、报送平台的建立是食品安全风险分析得出科学的风险评估结论、制定风险管理政策的基础。通过建立食品安全风险因子资讯平台，使风险评估机构、各监管部门及消费者能够及时地掌握食品安全动态。

5. 建立食品安全风险因子的处理及预警机制

在实现食品安全风险分析评估机构与食品安全资讯网络平台紧密连接，以及实时动态跟踪食品安全风险之后，使得食品安全风险评估专家对相关的食品安全风险因子进行及时处理成为可能。同时，建立快速启动风险评估、处理、报告程序，设定食品安全风险预警的级别、标识等，并通过食

品安全资讯平台进行预警预告，对评估结果及时反馈社会，促进监管部门的风险管理，确保食品安全。

目前，由于缺乏足够可靠的数据，我国能够开展的有意义的风险评估范围有限。然而，我国一直在努力建立一个全面的风险评估和监测系统，已经取得了很大进展，但仍有许多工作要做。

第八章 保证肉与肉制品食品安全的控制措施

一、绿色养殖，减少污染，提高产品品质

我国的畜牧养殖业历史悠久，采用传统养殖模式的养殖户较为普遍。传统的畜牧养殖业因其养殖模式及饲养环境问题，导致对大气、土壤和水体的环境污染，破坏周边生态环境，不利于我国畜牧养殖业和生态环境绿色可持续发展。

绿色养殖利用科学养殖提高畜产品安全性，以提高饲料利用率为前提，以绿色养殖和绿色生产为基础，通过为畜禽提供舒适的环境、优质的饲料、均衡的营养、适量的运动等措施，提高畜禽抗病力和生产繁殖力，减少抗生素、激素和其他添加剂的使用，为消费者提供兽药残留低、食用安全度高、口感风味佳的绿色无公害畜禽产品，是今后畜牧养殖业的发展方向。

（一）合理规划养殖场，发展绿色生态养殖业

加大绿色畜牧养殖人才培养力度，以绿色养殖技术为主要侧重点，进行不同畜种专项讲座，树立绿色畜牧养殖观念。建立区域性的绿色畜牧养殖技术推广基地或研究所，邀请专家或经验丰富的养殖户介绍绿色畜牧养殖技术。拓宽绿色养殖技术的推广、宣传渠道，让绿色畜牧养殖观念深入人心。引导养殖户正确认知和重视绿色畜牧养殖技术，提高广大养殖户的环境保护和生态效益观念。

强化畜牧养殖管理，优化养殖结构，完善排污设施建设，根据减量化、无害化、资源化的治污原则进行严格干、湿粪污处理。干排泄物变为有机

肥料，湿排泄物变为沼气生产原料，经处理的沼液可浇灌农田，实现种养结合的一体化处理系统，循环利用资源，使生产过程对环境更友好。无害化处理措施可防止粪便向土壤当中渗透，或者跟随雨水渗入地下水中。还可通过加强养殖场中的通风与清洁，有效降低废气的影响，减少细菌的滋生。[1][2] 充分利用绿色饲料，合理配置，加大其开发和利用力度，实行分阶段饲养管理，通过有效缩短动物饲养周期，减少疫病的传播感染，为畜禽提供均衡营养的同时降低畜牧养殖成本，减少养殖过程对环境的污染。降低饲料中抗生素、添加剂的使用量，让整个养殖过程变得更为科学、安全。建立完善的标准化养殖防疫体系，加强对养殖户的监督管理，禁止养殖户滥用药物，定期对饲养场进行及时消毒，保证养殖场所的卫生条件。有效应用预防为主、防治结合的原则，按照规定进行定期免疫，并对动物实时监测管理，实现早预防、早治疗、早发现的目标，避免影响企业经济效益。相关食品监管部门可制定绿色食品认证标准，加强监管力度，提高养殖户的经济收益。同时，可先建立试点，成立生态养殖基地，推动资源的合理利用。[3]

（二）强化饲料生产、使用安全监督管理

饲料既是动物生长所需营养来源，也是影响畜牧产品质量安全的重要因素。加强饲料质量安全监管是保障饲料行业安全生产、畜牧产品质量的重要环节。为加快我国饲料工业健康、高效、绿色发展，政府相关部门应加大监管力度，严把产品质量安全关。

做好饲料原料、饲料添加剂、饲料加工过程、饲料储存的质量安全监管。饲料原料必须为农业行政主管部门发布的《饲料原料目录》规定品种，且质量符合《饲料原料目录》《饲料卫生标准》《饲料标签》中强制性要求。饲料添加剂需从取得农业行政主管部门颁发的饲料添加剂生产许可证并具有相应产品批准文号的生产企业采购。饲料加工必须严格执行《饲料

---

① 郭继清：《浅谈绿色畜牧养殖技术产业化推广应用》，载《畜牧兽医科技信息》2020年第7期，第33~34页。

② 赵春燕：《探讨畜牧养殖的环保问题和应对措施》，载《中国动物保健》2021年第4期，第110~111页。

③ 方卉：《绿色畜牧养殖技术及推广》，载《中国畜禽种业》2021年第4期，第65~66页。

质量安全管理规范》《饲料添加剂安全使用规范》，禁止在饲料中添加违禁药物以及对人体具有直接或者潜在危害的其他物质，饲料产品质量必须达到《饲料卫生标准》《饲料标签》等强制性标识及标准要求。[1] 禁止生产未取得新饲料证书的新饲料及禁用的饲料。饲料生产企业必须根据国家相关规定和标准，制定饲料原料、饲料添加剂验收制度和验收标准，对采购物料分批进行查验和检验。必须根据饲料原料、饲料添加剂和饲料的种类分设库房区别堆垛储存，并做好标识管理。饲料包装上必须附具产品标签，必须实施出厂检验制度，并详细填写产品出厂检验记录。此外，饲料生产配套的相关条例逐步完善，《饲料和饲料添加剂生产许可管理办法》《饲料添加剂和添加剂预混合饲料产品批准文号管理办法》《进出口饲料和饲料添加剂检验检疫监督管理办法》等多部法规和《刑法》中均设有明确的惩处条款。以严密的监管和法律的约束，驱动饲料生产、使用安全向好发展。[2]

（三）高效的兽药安全生产监督管理

兽药生产是一个涉及多个环节和管理的复杂过程，任何一个环节疏忽都有可能导致产品质量问题。[3]《兽药生产质量管理规范（2020年修订）》的实施将有效遏制低水平重复建设，提高产业集中度，提升产品质量控制水平，更好地保障动物源食品安全和公共卫生安全，主要涉及以下四部分内容。[4][5]

一是优化结构、细化内容，提高指导性和可操作性。加强兽药生产、销售的行为规范，保障兽药产品的质量安全，促进兽药行业的健康发展。

二是提高准入门槛，加强兽药生产企业的软件、硬件和人员建设。提高企业自身的管理能力，进一步规范生产环境，实行生产环境动态监测，

---

① 徐大文：《如何做好饲料生产质量安全监管》，载《科学种养》2020年第12期，第43~44页。

② 刘海、刘荣凤：《饲料管理法规对我国饲料规范化生产的意义之探》，载《中国饲料》2020年第16期，第115~118页。

③ 杨志昆、王艳玲、章安源、李有志、尹伶灵、门晓冬、冯涛、陈志强、陈玲：《新版兽药GMP检查常见问题分析及改进建议》，载《中国兽药杂志》2023年第1期，第52~57页。

④ 王华：《〈兽药生产质量管理规范（2020年修订）〉解读》，载《农村经济与科技》2020年第18期，第55~56页。

⑤ 谭克龙、刘业兵、吴涛、陈莎莎、安洪泽、宫爱艳、陆连寿、周晓翠、张珩、冯克清、段文龙：《〈兽药生产质量管理规范（2020年修订）〉的主要变化及实施建议》，载《黑龙江畜牧兽医》2021年第10期，第22~25、29页。

提高净化要求和特殊兽药品种生产设施要求。加强对企业管理层的培训，提升企业管理人员的技能、资质要求及制药规范意识，增强兽药生产企业人员业务水平。

三是提高企业生物安全控制要求，确保生物安全。严格要求兽用生物制品生产、检验中涉及生物安全风险的厂房、设施设备以及废弃物、活毒废水和排放空气的处理，杜绝污染生态环境，加强绿色环保意识。

四是完善责任管理机制，压实相关责任，从而避免企业负责人滥用职权，牟取暴利，制约兽药生产，保障兽药生产质量安全。

全面强化对兽药饲料质量的监督管理。兽药饲料监管部门需要结合各个地区的具体市场情况，制定更具针对性的质量监管制度，强化对兽药饲料质量的监督管理。有关部门应加大对兽药产品质量监测监督与市场清理整治力度，对兽药生产许可证、兽药经营许可证、兽药批准文号、营业执照、兽药 GMP 证书、产品说明书等进行严格审查与检验。同时，应加强对兽药生产企业的登记审查工作，以及对兽药运输环节的监督检查，采用先进检测技术，提高兽药检测效率，杜绝假劣违禁兽药流入市场，建立高效的兽药安全生产监督管理体制，保证养殖环节的用药安全。[①]

二、优化生产环境和加工工艺

社会经济的迅速发展使人们的生活水平得到了极大的改善，对肉与肉制品卫生和安全方面也提出了更高的要求，从而确保能给人们提供安全性较高、质量优良的畜禽食品。畜禽食品是食品工程的重要组成内容，其生产环境卫生问题和加工工艺与肉制品食品安全密不可分。从源头上管控食品安全，对威胁畜禽食品工程质量及安全的污染因素进行监测分析，查找污染源头，应从生产环境和加工工艺两方面严格把控畜禽食品质量。具体包括净化畜禽养殖环境、加强畜禽检验制度的落实、定点管理畜禽屠宰环节、严格规范肉制品加工生产过程、建立食品信息共享平台等措施。采取有效的管理和控制措施有助于保证食品质量及食品安全，为广大消费

---

① 邓文莎：《加强兽药饲料管理保障畜禽产品安全》，载《吉林畜牧兽医》2020 年第 2 期，第 77~78 页。

者营造更好的食品安全环境。提高食品的安全性，构建全面的食品安全管理框架，有利于维护食品市场的和谐发展，保障消费者的身体健康，更有利于促进社会和谐发展。

净化畜禽动物养殖环境需做好水源、饲料、土壤等方面的管理。同时在畜禽养殖中，要与检疫卫生部门配合，根据国家规定进行疾病防治，避免带病畜禽动物进入屠宰和食品生产加工等环节，避免食品安全管理流于表面。相关部门对屠宰场进行肉品卫生检疫过程中，若使用不科学、不完善的检测仪器或者检查方法等，不能准确地检测肉品中含有的农药、兽药以及添加剂等有害物质的成分和含量，会严重影响肉品的卫生质量。因此，这一环节需要针对物理、化学和生物污染因素，制定出专门的检验检疫标准，结合相关部门的监督来更好地发挥作用。地方政府需要与畜禽种质测定中心等机构进行检验合作，力争能够更好地鉴别出动物源性食品情况，并推进食品安全监控体系的全面建立。

畜禽从养殖场调运到屠宰场经历禁食限饲、禁水、驱赶、混群运输、装卸等环节会产生应激反应，使畜禽免疫力降低和肉质变差，[①] 因此需要落实屠宰场卫生检疫部门的监管工作，使人们的生活质量以及肉食品的安全得到保障。应实行统一定点屠宰模式，这样可以有效避免屠宰环节受到外界污染。对畜禽屠宰环境定期进行杀菌和消毒，使其达到相关标准。[②] 畜禽屠宰工具要符合保管条件，应当有专门的保管场所，避免乱堆乱放造成污染。畜禽屠宰人员进入屠宰场地前需换上专门的服装，并进行全身消毒处理，避免污染物被带入屠宰场所。屠宰过程需要严格执行相关操作，并认真地填写统一的屠宰记录。

利用现代信息技术，结合畜禽养殖和肉质产品生产加工等环节，共同构建完善的动物食品安全追溯流程，保证屠宰后的畜禽肉类在运输至食品加工场所的过程中不被污染。通过电子标签等技术对畜禽食品的流通信息进行标记，通过运用现代分析方法进行过程控制，运用先进的检测手段进行产品安全性分析。一旦出现食品安全问题，可根据标记快速准确地找到

[①] 王晓香、李兴艳、张丹、张斌斌、尚永彪：《宰前运输、休息、禁食和致晕方式对鲜肉品质影响的研究进展》，载《食品科学》2014年第15期，第321~325页。

[②] 王淮昌：《加强生猪屠宰环节肉品检疫的重要性》，载《动物卫生》2021年第3期，第70页。

问题环节，实现供应链环节有记录、信息可查询、流向可追踪、产品可召回、质量有保障，从而提高食品安全管理效率。[①]

畜禽屠宰后经冷却排酸，一部分经冷链运输直接进入市场销售环节，另一部分进入食品加工厂进行生产加工。原材料在进入厂区时极易受到污染，而且在加工、运输、销售等环节中因安全卫生条件无法达到国家标准，操作不合规范而导致的二次污染也是十分严重的。因此，在实际生产中严格执行 SSOP 和 HACCP，并与 GMP 管理体系相结合，可以有效控制加工过程中的微生物污染和繁殖，从而保证产品质量与安全、延长产品保鲜期。[②]

肉制品加工企业应严格按照国家食品行业标准，建立完善的内部质量控制体系和制度，规范肉制品生产的各个环节。

第一，做好生产人员的卫生控制。从业人员应持有健康证，具备一定的专业知识，严格按照规章制度进行规范操作，进入车间要换上工作服并严格遵守消毒制度，养成良好的卫生习惯。否则可能携带微生物进入生产车间污染食品原材料。

第二，做好生产设备与用具的卫生控制。生产过程中使用的容器、设备都要保持清洁并将各个生产容器设备进行标识，使用的仪器、工具也应及时进行清洗，避免清洁消毒环节出现交叉污染。对于没有用完的消毒剂、清洁剂等化学试剂，要分类储存。

第三，做好生产环境的卫生控制。生产车间内要进行定期消毒，严格控制车间内温度，每日记录消毒时间、温度以及消毒效果。生产车间周边环境应做到无垃圾、无污物、无积水、附近无污染源。

第四，严格遵守生产过程制定标准化的防异物、防污染管理制度。出入人员戴口罩、手套，有效避免肉制品生产加工过程中出现玻璃、塑料、毛发碎屑等异物，防止造成污染。工厂在设备维修、卫生检查、现场监管等过程中，要填写人员出入记录。

第五，加强对食品添加剂的使用监管，坚决抵制肉制品生产加工过

① 陈娉婷、罗治情、官波等：《国内外农产品追溯体系发展现状与启示》，载《湖北农业科学》2020年第20期，第15~20页。
② 李强、丁轲、段敏、刘鹏、戴岳：《低温肉制品加工、储运和销售过程中的微生物控制技术》，载《肉类工业》2015年第7期，第46~50页。

中过量添加防腐剂，或添加其他不符合食品安全要求的食品添加剂。这些化学成分会直接接触到畜禽肉类产品，从而造成化学污染。目前在肉制品质量及食品安全检查中，发现的主要化学污染物有瘦肉精、亚硝酸盐、染色剂、防腐剂等，尤其是瘦肉精的添加，会严重危害人体健康，目前已经被明令禁止在畜禽肉类食品中使用。另外，厂区内用于灭蝇灭鼠的化学药剂用量过大，也会导致加工肉制品的化学污染。

第六，肉制品加工企业易出现微生物危害，若发现微生物超标，要及时停止生产，待问题解决后再开始生产。[①]

总体来看，我国的肉制品加工方面尚待提高和完善的地方还有很多，在保证以上措施的同时还要加快系统信息化建设，运用现代技术信息化来提升其运作效率，如制定标识编码及工艺标准，开发低价位射频识别标签，同时加大化学溯源技术和生物溯源技术的研发力度，构建全面的食品安全管理框架。

三、加强流通过程的质量控制

我国的畜禽肉品需求量巨大，消费水平逐年上涨，且随着人们生活品质的提升和科技的发展，大家对畜禽肉品品质的要求越来越高，对畜禽肉品保鲜的关注越来越多。肉制食品中含有丰富的营养物质，是很多微生物的天然培养基，极易造成食品安全问题。物流过程对畜禽肉品保鲜起着至关重要的作用，但目前畜禽肉品保鲜技术还存在很多不足，因此需尽快改变我国畜禽肉品物流保鲜技术落后的现状，进一步加快冷链物流的发展，做好肉类食品保鲜工作。这需要多方面协同发展，对畜禽肉供应链中的养殖、加工、装卸搬运、储存、运输及销售等环节都要有严格的要求。

畜禽肉品保鲜与冷链物流密不可分，禽肉冷链需要满足 3P（Produce 产品品质、Processing 处理工艺、Package 货物包装）、3C（Care 爱护、Clean 清洁、Cool 低温）、3T（Time 时间、Temperature 温度、Tolerance 耐藏性）、3Q（Quality 质量、Quantity 数量、Quick 快速作业组织）以及 3M（Means 手段、

---

① 刘建辉、于丽丽：《肉制品生产加工中的质量安全问题探讨》，载《现代食品》2021 年第 8 期，第 20~22 页。

Methods 方法、Management 措施）的要求。① 我国冷链物流起步较晚，且目前存在着一些问题，因此应在肉禽类冷链物流调整与升级方面提出整体发展规划，跨界协同，做好食品运输的"最先一公里"。

第一，政府须高度重视对现有的监管部门进行有效整合，明确畜禽肉食品安全监管部门的职责，针对当前养殖场的饲料、兽药、生态环境等，食品加工中食品添加剂的违规使用，运输和销售环节的时间、温度以及作业不规范引起的微生物污染等问题，分别制定强制性食品标准，并在行业内推行。同时借助网络媒体和移动端进行标准的普及和宣传，提升宣传的范围和效率。为突出冷链监控在畜禽肉食品安全控制体系中的主导地位，应对目前现有实验室体系和检测方法体系进行改革，提高畜禽肉食品加工、流通中的检测效率，更好地为食品安全服务。针对发生食品安全事故、食品检验不合格、制度执行不规范的企业以及安全问题频发或出现重大安全问题的企业需要采取严厉的制裁措施，包括取消行业准入资格。

第二，传统物流链中，畜禽肉品物流中转环节多，且各环节分散，与之相对应的是工作量和作业成本的增加，严重影响物流作业效率。畜禽肉品保鲜要求极高，但很多地区仍存在着中转衔接环节时物流保鲜措施几乎为零的现状，传统的人工在室温下作业，很容易造成畜禽肉品的变质和污染。畜禽肉品从畜禽屠宰到运输、仓储、配送、流通加工、包装、装卸搬运、销售等流程都应处于持续保鲜的适宜环境中，但由于全程保鲜的作业环境、作业设备设施、运营管理所产生的费用太高，所以很难做到兼顾全链条。如何确保物流过程中实现持续保鲜，仍然需要不断探索、完善和推进。当前移动互联技术和无线传感技术的普及，为解决这一问题提供了新思路。智能化分拣和智能化装卸搬运作业可以解决这一问题，但目前建设成本和运营成本都较高，在以营利为主要目的的企业中难以推行。

第三，物流保鲜技术仍较为落后，物流智能化程度低。这个问题体现在畜禽肉与肉制品储存、流通、装卸、销售的各个环节中。我国畜禽肉品的储存仓库内的规划布局仍比较传统，不能满足智能化物流发展的需求。而在畜禽肉品运输过程中，国内更多采用的是在冷藏车中直接悬挂运输，

---

① 王海燕：《基于食品安全的禽肉冷链监控体系构建研究》，载《成都师范学院学报》2019 年第 5 期，第 66~71 页。

肉品直接裸露在外，且冷藏车能耗过高、不能持续制冷，车内的环境并不能满足肉品流通时的环境要求。因此需要加大对高效的制冷技术、多温共配技术、仓储保鲜新技术、新型包装材料的研发。此外，新型智能包装也不断涌现，其可以提高食品的安全性、质量和可追溯性，在进入市场后具有巨大的发展潜力。同时，充分利用 5G、互联网、大数据、物联网等新兴基础建设，从中转作业的标准化、机械作业的无人化，到作业环境改造等多方面协同发展，实现畜禽食品物流持续保鲜。[①]

第四，多环节衔接不畅，未能实现信息化管理。为保障居民饮食健康，畜禽类食品从最初养殖开始就应该采用信息化管理，从而保证畜禽宰杀后最终到达客户手中的全流程可追溯和保鲜，信息真实、透明和可追溯，是冷链食品安全的重要保障。目前，我国物流的现状通常是能实现在单独的物流环节可追溯，但在物流各环节之间没有实现无缝衔接，无法实现物流全程的精准追溯。因此，建立监控平台，要求所有禽肉冷链节点企业都上传监控核心信息，平台按照统一的信息处理标准进行汇总和分析，最终通过追溯码实现溯源。上下游企业之间的信息交互，企业间信息能够通过平台的建立实现快速整合，利用信息技术实现对当前冷链运作的管理和优化，在成本最优的情况下完成相应操作的监控，有助于实现畜禽肉冷链食品质量问题的及时预防、实时监控和快速追责。于企业而言，加入冷链监控平台，能够提高企业核心竞争力，提升企业的知名度，树立良好的企业形象。[②]

尽管我国已经先后颁布了一些食品冷链相关法律法规，但要实现对畜禽肉食品安全全面监控，还需要针对畜禽肉产品的特点和存储特性等进一步完善现有的标准和规范，逐步实现对肉类食品冷链的精细化管理。[③] 在畜禽流通过程中，依据我国肉与肉制品冷链物流作业规范（WB/T 1059-2016），以禽肉冷链监控为基础，政府构建更加细致的安全认证、安全监控体系，企业间借助信息技术和冷链技术的发展，实现信息共享，通过提升

---

① 林路：《新零售模式下肉制品冷链物流问题研究》，载《物流工程与管理》2020 年第 4 期，第 86~88 页。

② 李雪琴：《畜禽肉品在物流过程中持续保鲜对策研究》，载《包装工程》2020 年第 21 期，第 158~164 页。

③ 熊立文、李江华、李丹：《我国肉与肉制品法规体系和标准体系现状》，载《肉类研究》2011 年第 5 期，第 46~53 页。

冷链运作效率、检验效率等以满足畜禽肉品物流过程持续保鲜的需求。

四、加强市场监控

"民以食为天，食以安为先"，食品安全是关乎国民健康的头等大事。我国作为世界上人口最多的国家，随着经济的发展和人民生活水平的提高，肉制品的日消耗量巨大，肉与肉制品的质量安全更是食品行业的重中之重。但是目前国内食品安全监管形势却不容乐观，市场监管的缺失是造成食品安全问题的主要原因。尽管我国已颁布了不少相关的法律，各地针对食品安全问题也制定了相应的法规，但法律条文的针对性、细致性仍有待提升，执法和监管力度与有效性也需增强。因此，为了维护整个食品生产、销售秩序，市场监控应从以下几方面改进，为人民提供放心食品。[①]

（一）制定行之有效的食品标准

食品标准按照效力或权限主要由四部分组成，分别是国家标准、行业标准、地方标准和企业标准。我国现行有效的食品标准共有 7493 项，行业标准共有 14876 项。目前，国内食品安全监督结构体系已经成型，但由于多个部门起草，监管把关不到位，致使我国各地食品标准不统一，存在着层次不清、重复和矛盾等问题。这些标准条令都是各个监督执法部门的依据，因此，对于目前现行的食品标准，应建立"同一产品，统一标准"，提高标准制定者的责任意识，加强标准化监督管理，加强生产过程的规范化，建立行之有效的食品标准体系。

（二）严格履行食品安全监督管理职责

食品安全监督管理工作的质量对食品安全质量影响深远，意义重大。目前食品安全监管部门工作的过程中主体缺乏现象比较明显，存在着内容缺失和执法力度不强的问题。作为食品安全的把控者，监管机构首先要以身作则，承担相应责任，履行检查任务。派遣专业人员对食品的原材料生

---

① 朴金一、姜成哲：《肉制品的安全与质量管理现状和研究进展》，载《农业与技术》2020 年第 17 期，第 36~38 页。

产、加工以及包装和销售等环节进行更加严格的安全监管，保障所有食品原材料都在无污染的环境中产出，且确保加工环节的环保性和操作规范性。其次，在食品生产、加工以及流通环节，实际上做到完全的分割调试，一方面加强部门间的信息共享，防止人力与资源的严重浪费，从整体上提高我国食品安全管理部门的资源利用效率。另一方面还要避免职责交叉、责任推诿、监管整体失衡等情况，各级政府在监督各部门之间要通力合作，同时在生产的各个环节严格把控和监督，防止食品安全问题进一步加剧。最后，应及时公布食品安全的相关信息，增加信息透明度，在取得民众信任的同时还能提高监管部门公信力。现代信息社会中，应通过现代化手段发动群众与政府部门共同监督，利用社会大众的力量补充食品安全管理力度的缺失。一旦发生事故，能在第一时间让肉制品加工企业做出相应行动，尽快将问题产品处理，积极解决问题，避免造成更大的损失。

（三）推进市场监管精细化

为减少食品安全问题，加强对食品市场的约束，同时保证相关监管工作更有针对性和有效性，在食品生产过程中应将相关食品纳入一个"精细化"管理的范畴。作为国家管理部门，应加强对食品安全管理工作的重视，并进一步推进市场监管的细致化。监管机构应该细化本体职权，努力实现部门精简和权责到位，在明确权力、责任的基础上让监管部门真正发挥出监管效力，相关工作人员还应提高食品安全管理的有效性，致力于营造安全的食品环境，保障消费者的消费权益，维护国民健康。国家最新公布的食品添加剂包括47种可能在食品中"违法添加的非食用物质"、22种"易滥用食品添加剂"和82种"禁止在饲料、动物饮用水和畜禽水产养殖过程中使用的药物和物质"，这才是本着以人为本的态度监管到位，真正做到让消费者吃得放心，让消费者的身体免受伤害。

（四）完善食品追溯系统

出现食品安全问题后无法精准溯源，会导致问题商品召回困难，难以发现其根源问题。食品追溯系统一直是我国的短板，应通过行之有效的措施建立完善的食品追溯体系。包括：成立相关机构进行纵向管理；建立完善的体系、相关法律以及标准；建立综合平台，做到各方面全程监控管理；针对相关加工企业进行体系推广示范；对于相关人员，应当明确其任务与职能，加强相关技能的培训，增强其使命感、责任感，保证执法行为规范；进行系统信息化，从牲畜到成品加工等一系列环节全部做到信息化，在减少人力投入的同时实现肉及肉制食品各个环节的严格把控、严格等级分化，方便分类管理。

（五）提高肉品经营者的素质和消费者的安全意识

如今，人们对于食品安全问题越来越重视，但目前社会上食品安全问题频发的背后还是折射出公众食品安全意识不够，相关知识缺乏的问题。这种缺失不仅体现在消费者身上，还体现在食品生产经营者身上。

对消费者而言，提升自身的食品安全意识有助于其选购安全食品。民众对于食品标准、非法食品添加剂等相关食品安全知识匮乏，选购时主要关注食品表面、食品保质期和对比价格，很难分清食物的优劣，进而可能会引发食品安全问题。政府应开展食品安全知识讲座、宣传活动等，指导消费者的食品购买行为，引导消费者掌握自我保护知识，鼓励人们购买安全性高的食品，为自身的身体健康负责。也可通过多媒体、自媒体加强宣传，普及食品安全教育，让观众更为深切地了解食品安全标准，明确食品安全的重要性，为民众带来潜移默化的影响。

对于食品生产者而言，提高自身食品安全意识能够促使其更加科学、合理地开展本职工作，减少食品添加剂过量添加、食品加工作业不规范等现象的发生，为保障食品安全奠定基础。肉制品加工企业在管理中要建立完善的内部质量控制体系和制度，规范肉制品生产的各个环节，保障肉制品质量与安全，促进整个食品行业的可持续发展，增加消费者对食品品牌的信任度，将品牌与食品安全、食品品质挂钩，实现长远发展，并带来良好的经济效益。

（六）大型活动肉与肉制品的食品安全保障

近年来，随着我国国际地位及综合国力的不断提升，我国参与全球治理和构建国家治理体系的步伐逐渐加快，主办大型活动的数量、类别不断增多，级别不断提高。因大型活动餐饮服务供应人数众多、对象特殊，食品安全风险相较一般供餐活动更大，故主办单位、食品监管部门和领导均高度重视大型活动期间的餐饮食品安全。餐饮食品单位、食品监管部门通力协作，对食品原料、制作、加工、流通、储存等各环节严格把关，有效监督，是保证活动期间食品安全的基础。

肉与肉制品富含蛋白质、脂肪和人体所必需的各种元素，营养丰富，易被食源性致病菌污染，且在粗加工的过程中易导致交叉污染和二次污染，是食源性疾病发生的主要原因。肉与肉制品的微生物污染控制是肉与肉制品生产加工过程中需解决的重要问题。肉与肉制品是大型活动中不可缺少的食品，虽然我国有严格的肉制品相关标准，但仍无法完全消除各环节的致病菌污染。因此，监管部门与主办方应更加关注肉制品全流程监管，保证肉制品在所有环节不会出现食品安全问题。①

一是建立健全组织机构，明确职责分工和义务：卫生监督部门应建立事前监督检查机制，检查接待单位，发现问题应及时反馈纠正，并对接待单位在食品原料选择、食品加工方式、餐厨具消毒等方面提供技术指导。

二是严格落实各项制度：（1）加强餐饮服务人员管理。餐饮服务保障的从业人员必须持有健康体检/卫生培训合格证上岗。（2）加强食品原材料的质量控制。大型活动所用食品原料必须定点采购，专人负责；对于在商场、超市等正规单位以外采购的食品原料，必须留取供货单位、人员相应的资质证明和检验、检疫合格证明。（3）加强餐具消毒管理。餐饮服务单位应配备与其保障规模相适应的餐厨具消毒设施，非本餐厅消毒的餐用具，必须重新消毒。（4）建立食品留验制度。接待单位必须配备专用冷藏箱和留验容器，做好登记，专人加锁保管；变更食谱时应主动请监督保障人员重新审查，以便对高危食品加强监督。（5）加强人员管控，非本单位人员一律不得进入食品库房和厨房操作间，下班后及时锁闭门窗。

三是应配备预防医学、卫生检验等相关专业技术人员，配置能够满足工作需求的快速、灵敏、准确的便携式快速检测设备合理选择检测项目，针对食品开展快速定性和半定量侦检，发现问题及时处理，迅速封存可疑

---

① 张志刚、林祥木、胡涛等：《即食肉制品微生物污染及其控制技术研究进展》，载《肉类研究》2020年第1期，第94~102页。

食品，立即启动应急程序。

五、大型活动肉与肉制品食品安全控制措施现状和建议

近年来我国逐渐成为重要的国际政治、经济、文化交流中心，相继在各地举办各类大型活动。大型活动食品安全关系所有参与人员的身体健康与生命安全，是一个不容忽视的重要问题，稍有不慎，就可能影响大型活动成败，成为国内外舆论关注的焦点，极易造成恶劣的社会影响，甚至损害我国的国际形象。

大型活动食品安全风险较一般供餐活动更大，给食品安全保障工作带来了巨大的工作压力和成本支出。目前，专门针对大型活动中食品安全风险防控问题的研究还处于探索阶段，以体育类赛事活动研究较多，尤其是对奥运会的研究相对丰富。2008年，我国成功举办北京奥运会。在食品安全管理方面，通过组建"北京奥运食品安全委员会"，制定"2008北京奥运食品安全行动计划"，依据场馆分布及供餐数量特点，对奥运食品原料的安全供应、动态监测、供应商准入标准、场馆食品安全风险监控、风险控制、奥运食品反恐等作出了详细规定。此外，还建立了奥运食品安全标准体系和监测体系，制定了奥运食品安全的应急预案，全面保障奥运会的食品安全。

在我国，一些地方、行业也各自制定了大型活动食品安全保障措施。2006年卫生部发布了《重大活动食品卫生监督规范》，2011年原国家食品药品监督管理局出台了《重大活动餐饮服务食品安全监督管理规范》。2018年国家机构改革后，市场监督管理部门、药品监督管理部门、卫生健康委员会、公安机关等应如何在大型活动食品风险管理工作中发挥作用，形成一套规范的防控体系是目前亟须解决的问题。

大型活动食品安全风险防控问题研究是一个崭新的课题，从实践角度来看，国内外各大城市都已积累了一定经验，尤其是以奥运会等为代表的国际体育类赛事活动中，举办城市都建立健全了符合地域特点的大型活动食品监管机制、风险防控模式、法律保障机制和风险管理机构。但是，从"成本—效益"、规范标准方面考虑，目前的研究在理论化、专业化、智能

化和深入度等方面还有所欠缺。①

（一）保障主体不明确

依据《食品安全法》，大型活动的食品安全保障主体是所有参加大型活动的人员，参与主体众多，包括市场监督管理单位、卫生监督管理部门、餐饮供应单位、举办单位、当地政府相关部门、公安机关、媒体等多个部门和机构，在实践过程中很多监管主体单位职责分工不明确，存在工作内容相互交叉重叠或有职责漏洞的情况。

（二）缺乏统一管理模式和体系构建

大型活动涉及政治、文化、体育等多个领域，各地大型活动食品安全风险防控模式趋向于一地一策的"本土化"形式，尚有待探索研究建立统一、规范、标准化的管理模式和监管体系。

（三）新技术缺乏应用与转化

大型活动食品安全风险具有"难防范、难预警、难处置"等特点，在科学技术迅猛发展的当下，以物联网技术、大数据技术、人工智能技术等信息技术手段为支撑，以期实现大型活动食品安全风险全链条追溯和防范，但其实际应用仍存在一定的局限性，先进技术仅在有毒有害物质快速检测和实验室检测的效率提升方面发挥了一定的积极作用。将新兴技术拓展应用到大型活动风险评估、预警、情报、防范和处置等风险防控工作全流程是未来的发展趋势。此外，应用于大型活动现场快检、高通量筛查和精准确证的新方法、新技术以及相关的手持式便携设备产品也非常重要。

（四）人海战术问题严重，资源耗费大

参考以往举办大型活动的经验，为了确保食品安全，举办方和相关机

---

① 王民、张晓芳、于瑞敏、胡冰冰、高戎、佟亮：《某部重大活动食品安全保障工作现状及其对策》，载《解放军预防医学杂志》2015 年第 4 期，第 433～434 页；闵宇航、刘美、何绍志、王涛、余晓琴：《我国肉制品食品安全风险现状及监管建议》，载《中国食品卫生杂志》2023 年第 1 期，第 113～119 页。

构投入了大量的人力、物力资源。这种方式虽可尽量保证万无一失，但是资源利用率偏低，易造成大量人力、物力和卫生资源的浪费，急需从大型活动本身特点及食品安全需求出发，梳理标准化流程，利用物联网、大数据等技术合理配置相关资源，解放人力。

我国是肉类生产和消费大国，肉与肉制品在居民日常生活中占有重要地位，在大型活动中更是不可或缺。肉制品产业链较长，涉及养殖、屠宰、加工、运输、储存、销售等多个环节，每个环节都会存在质量安全风险，这就造成了肉制品中安全风险的多样性、影响因素的复杂性。大型活动中保障肉与肉制品的质量与安全，首先要从源头做起，加强饲料的检测，确保动物所食的饲料是绿色的、安全的。其次要加强肉与肉制品的监测和相关管理体系的实施，将 HACCP、ISO 等质量体系标准的基本原理、方法和管理经验，运用于大型活动中食品供应、生产、冷链配送、加工、供餐等关键环节的管理。最后应加强可追溯体系的建立，提高对食品安全危害的识别能力和对突发事件的处置能力。一经发现问题，即可迅速查找源头，迅速召回有问题的产品，提高处置突发事件的效能，从而保障大型活动食品安全。

主要参考文献

［1］曹程明：《肉及肉制品质量安全与卫生操作规范》，中国计量出版社 2008 年版。

［2］胡豫杰、李风琴等：《蛋与蛋制品食品安全风险分析》，人民出版社 2020 年版。

［3］王竹天、杨大进：《食品中化学污染物及有害因素监测技术手册》，中国标准出版社 2011 年版。

［4］FAO/WHO：《食品安全风险分析国家食品安全管理机构应用指南》，人民卫生出版社 2008 年版。

［5］中华人民共和国农业行业标准，《绿色食品 畜禽肉制品》（NY/T 843-2015），2015 年。

［6］中华人民共和国国家标准，《肉制品分类》（GB/T 26604-2011），2011 年。

［7］中国食品科学技术学会团体标准，《植物基肉制品》（T/CIFST 001-2020），2020 年。

［8］中华人民共和国国家标准，《肉与肉制品术语》（GB/T 19480-2009），2009 年。

［9］中华人民共和国国家标准，《食品安全国家标准 鲜（冻）畜、禽产品》（GB 2707-2016），2016 年。

［10］中华人民共和国国家标准，《食品安全国家标准 熟肉制品》（GB 2726-2016），2016 年。

［11］中华人民共和国国家标准，《食品安全国家标准 腌腊肉制品》（GB 2730-2015），2015 年。

［12］中华人民共和国国家标准，《分割鲜、冻猪瘦肉》（GB/T 9959.2-

2008），2008 年。

［13］中华人民共和国农业行业标准，《绿色食品禽畜肉制品》（NY/T 843-2015），2015 年。

［14］中华人民共和国国家标准，《食品安全国家标准 食品添加剂使用标准》（GB 2760-2014），2014 年。

［15］中华人民共和国国家标准，《食品安全国家标准 鲜（冻）畜、禽产品》（GB 2707-2016），2017 年。

［16］江连洲、张鑫、窦薇、隋晓楠：《植物基肉制品研究进展与未来挑战》，载《中国食品学报》2020 年第 8 期。

［17］王守伟、李石磊、李莹莹、李素、张顺亮：《人造肉分类与命名分析及规范建议》，载《食品科学》2020 年第 11 期。

［18］袁波、王卫、张佳敏、周星辰、白婷：《人造肉及其研究开发进展》，载《食品研究与开发》2021 年第 9 期。

［19］励建荣：《中国传统肉制品的现代化》，载《食品科学》2005 年第 7 期。

［20］闫文杰、李鸿玉、荣瑞芬：《中国传统肉制品存在的问题及对策》，载《农业工程技术（农产品加工业）》2008 年第 3 期。

［21］孙东跃：《中国传统肉制品现代化工业加工研究进展》，载《中国食品添加剂》2021 年第 5 期。

［22］张英华：《肉的品质及其相关质量指标》，载《食品研究与开发》2005 年第 1 期。

［23］袁琴琴、刘文营：《肉及肉制品质量属性评价方法及其面临问题》，载《食品安全质量检测学报》2020 年第 21 期。

［24］李金霞：《食品安全检测中化学检测技术的应用》，载《食品安全导刊》2021 年第 14 期。

［25］卢艳平、肖海峰：《我国居民肉类消费特征及趋势判断——基于双对数线性支出模型和 LA/AIDS 模型》，载《中国农业大学学报》2020 年第 1 期。

［26］李昂、李卫华、滕翔雁、翟海华、王媛媛、贾智宁、万玉秀、刘昌华、范佳琪、李超、白林坡、隋金玉、孙利凯、周琳、黄保续、刘德萍：

《我国居民肉类消费情况调查》，载《兽医管理》2020 年第 4 期。

［27］潘耀国：《中国人的肉类消费习惯》，载《猪业经济》2009 年第 9 期。

［28］潘耀国：《中国肉类消费全景图和大趋势》，载《西北农林科技大学学报（社会科学版）》2011 年第 11 期。

［29］贝君、王珂雯、程雅晴、孙利：《我国肉制品安全风险及监管建议》，载《食品安全质量检测学报》2020 年第 11 期。

［30］屈健、周秋香、张建波：《畜产品的安全与卫生问题及其对策》，载《饲料工业》2003 年第 4 期。

［31］彭刚、胡云、杨建才：《浅谈饲料中重金属超标》，载《畜禽业》2019 年第 1 期。

［32］夏丹乔、胡柯、张慧、李阳、李小婷：《肉和肉制品致癌风险的研究进展》，载《教育教学论坛》2018 年第 12 期。

［33］周光宏、赵改名、彭增起：《我国传统腌腊肉制品存在的问题及对策》，载《肉类研究》2003 年第 1 期。

［34］彭珍：《肉品污染及其控制措施》，载《肉类研究》2010 年第 11 期。

［35］温松灵：《影响猪肉安全的饲料因素分析》，载《畜牧与兽医》2008 年第 3 期。

［36］祝红蕾：《肉和肉制品中农药残留的危害及控制措施》，载《食品安全导刊》2016 年第 24 期。

［37］杨立新、苗虹、曾凡刚、赵云峰、吴永宁：《动物源性食品中有机磷农药残留检测技术研究进展》，载《中国食品卫生杂志》2010 年第 3 期。

［38］张祖麟：《河口流域有机氯农药污染物的环境行为及其风险影响评价》，厦门大学 2001 年博士学位论文。

［39］陈媛、赖鲸慧、张梦梅、赵恬叶、王松、李建龙、刘书亮：《拟除虫菊酯类农药在农产品中的污染现状及减除技术研究进展》，载《食品科学》2022 年第 9 期。

［40］张涛华、颜伟：《肉制品中食品添加剂使用安全浅谈》，载《食

品安全导刊》2011 年第 9 期。

[41] 张勇：《关注食品质量保障肉制品添加剂安全》，载《食品安全导刊》2011 年第 6 期。

[42] 姚艳玲：《中国的肉品安全》，载《肉类研究》2010 年第 8 期。

[43] 李怀林：《我国肉品安全现状、原因分析及应对措施》，载《中国禽业导刊》2009 年第 3 期。

[44] 要三会：《低温肉制品嗜冷微生物污染状况调查》，载《大家健康：现代医学研究》2015 年第 19 期。

[45] 范霞：《食品中单核细胞增生李斯特氏菌检测结果的分析》，载《食品安全导刊》2020 年第 9 期。

[46] 刘保光、谢苗、董颖、郑关民、梅雪、贺丹丹、胡功政、许二平：《金黄色葡萄球菌研究现状》，载《动物医学进展》2021 年第 4 期。

[47] 许振伟、韩奕奕、孟瑾、郑小平、邹明辉：《熟食肉制品中金黄色葡萄球菌风险评估基础研究》，载《包装与食品机械》2012 年第 5 期。

[48] 阮雁春：《肉制品微生物检测中金黄色葡萄球菌监测数据分析》，载《食品安全质量检测学报》2020 年第 11 期。

[49] 周迅、王晓文、杨林、刘星火、李建亮：《欧美禽肉沙门菌法规要求对提升我国禽类卫生控制措施的启示》，载《山东畜牧兽医》2018 年第 3 期。

[50] 励建荣：《中国传统肉制品的现代化》，载《食品科学》2005 年第 7 期。

[51] 刘芝君：《川味腊肉制作中脂肪氧化酶的作用及微胶囊抗氧化研究》，西南科技大学 2020 年硕士学位论文。

[52] 蒋丽施：《影响肉品安全的主要因素及控制措施》，载《肉类研究》2010 年第 9 期。

[53] 扶庆权、刘瑞、张万刚、王海鸥、陈守江、王蓉蓉：《不同包装方式下蛋白质氧化对鲜肉品质的影响研究进展》，载《肉类研究》2019 年第 4 期。

[54] 何计国：《从"瘦肉精"事件看国内食品安全问题》，载《中国猪业》2011 年第 4 期。

［55］王艺璀：《近十年我国"瘦肉精"相关事件》，载《食品安全导刊》2017 年第 7 期。

［56］胡萍、余少文、李红、成斌、刘思乐：《中国 13 省 1999—2005 年瘦肉精食物中毒个案分析》，载《深圳大学学报（理工版）》2008 年第 1 期。

［57］孟蕊、李春乔、赵海燕：《我国肉制品行业食品安全问题及其社会共治的研究》，载《食品安全质量检测学报》2017 年第 8 期。

［58］栾兆倩、张亦农、王新宅：《瘦肉精与运动员食品安全》，载《中国体育教练员》2012 年第 2 期。

［59］李笑曼、臧明伍、王守伟、李丹、张凯华、张哲奇：《国内外食源性兴奋剂误服事件分析与法规标准现状》，载《食品科学》2019 年第 21 期。

［60］王洪利、路睿、武勇：《食源性兴奋剂防控与运动员饮食安全管理研究》，载《辽宁体育科技》2013 年第 6 期。

［61］白文杰：《2008 北京奥运会食品安全保障政策及对我国畜牧业影响浅析》，载《中国动物保健》2009 年第 3 期。

［62］李宝臻、李海宾、刘昌蓉、刘艳：《浅谈奥运会肉制品的安全保障》，载《肉类研究》2008 年第 1 期。

［63］蒋文明、陈继明：《我国高致病性禽流感的流行与防控》，载《中国动物检疫》2015 年第 6 期。

［64］董晓春：《高致病性 H7N9 禽流感病毒研究进展》，载《天津医药》2019 年第 8 期。

［65］郭元吉：《高致病性禽流感研究进展》，载《中华实验和临床病毒学杂志》2006 年第 2 期。

［66］付如勇、杨治聪、周仁江、郑强、郭莉、侯巍、阳爱国、莫茜、尹杰、袁东波：《近年我国禽类高致病性禽流感流行情况及防控建议》，载《山东畜牧兽医》2020 年第 4 期。

［67］徐建国、景怀琦、叶长芸、杜华茂：《高致病性猪链球菌感染及我国防制工作中存在的问题》，载《中华流行病学杂志》2005 年第 9 期。

［68］廖家武：《人感染猪链球菌病研究进展》，载《医学动物防制》

2007 年第 9 期。

　　［69］赵拴友：《猪链球菌病的研究进展》，载《畜禽业》2018 年第5 期。

　　［70］陆承平、姚火春、范红结、华修国、孙建和、顾宏伟、王楷、赵冉、濮俊义、张炜：《猪链球菌致病性研究及其公共卫生意义》，载《中国预防医学杂志》2006 年第 7 期。

　　［71］韩琪：《"僵尸肉"一波三折食品安全问题出在哪?》，载《食品安全导刊》2015 年第 20 期。

　　［72］刘国信：《"僵尸肉"不必"撕"，"走私肉"须严打》，载《四川畜牧兽医》2015 年第 9 期。

　　［73］张秋、肖平辉：《从"僵尸肉"事件谈肉制品安全风险管理》，载《肉类研究》2016 年第 10 期。

　　［74］杜鹏：《"马肉风波"与欧盟肉制品安全监管制度》，载《世界农业》2015 年第 4 期。

　　［75］钟和：《马肉风波的背后》，载《营养与食品卫生》2013 年第 4 期。

　　［76］郑祎扬、刘怡娅：《贵州省成年居民膳食模式与代谢综合征的关系》，载《现代预防医学》2019 年第 10 期。

　　［77］覃尔岱、王靖、覃瑞、刘虹、熊海荣、刘娇、王海英、张丽：《我国不同区域膳食结构分析及膳食营养建议》，载《中国食物与营养》2020 年第 8 期。

　　［78］罗洁霞、徐克：《我国居民家庭膳食蛋白质和脂肪摄入量比较》，载《中国食物与营养》2019 年第 2 期。

　　［79］张秀芳：《中国食品安全法的演变过程及发展趋势探析》，载《经济动态与评论》2017 年第 1 期。

　　［80］沙敏：《北京市食品卫生管理立法历程与实施》，载《北京党史》2009 年第 4 期。

　　［81］唐晓纯：《国家食品安全风险监测评估与预警体系建设及其问题思考》，载《食品科学》2013 年第 15 期。

　　［82］蒋定国、王竹天、杨杰等：《2000—2009 年中国食品化学污染物风险监测概况与分析》，载《卫生研究》2012 年第 2 期。

［83］吴永宁：《中国总膳食研究三十年之演变》，载《中国食品卫生杂志》2019年第5期。

［84］杨大进、李宁：《国家食品污染和有害因素监测发展设想》，载《中国食品卫生杂志》2020年第6期。

［85］杨杰、樊永祥、杨大进等：《国际食品污染物监测体系理化指标监测介绍及思考》，载《中国食品卫生杂志》2009年第2期。

［86］冉陆、张静：《全球食源性疾病监测及监测网络》，载《中国食品卫生杂志》2005年第4期。

［87］韩世鹤、高媛、杨洋等：《德国与我国食品监管的差异及启示》，载《现代食品》2020年第19期。

［88］罗宝章、秦璐昕、蔡华等：《上海市2016—2020年肉与肉制品中多种抗生素残留及风险》，载《上海预防医学》2021年第5期。

［89］陈晖、蒙浩洋、刘银品：《2011—2015年广西市售肉与肉制品中化学污染物及有害因素监测结果分析》，载《应用预防医学》2018年第4期。

［90］张颖琦、杨佩燕、张建文等：《2008年上海市某区市售熟肉制品中亚硝酸盐残留量抽样分析》，载《上海农业学报》2010年第2期。

［91］董庆利、陆冉冉、汪雯等：《案板材质对单增李斯特菌在生熟食品间交叉污染的影响》，载《农业机械学报》2016年第3期。

［92］郭继清：《浅谈绿色畜牧养殖技术产业化推广应用》，载《畜牧兽医科技信息》2020年第7期。

［93］李健、袁林：《畜禽养殖对环境污染的现状及治理对策》，载《畜牧兽医科技信息》2021年第2期。

［94］雷向华：《绿色畜牧养殖技术的推广应用分析》，载《健康养殖》2021年第6期。

［95］赵春燕：《探讨畜牧养殖的环保问题和应对措施》，载《中国动物保健》2021年第4期。

［96］赵小宏：《绿色畜牧养殖技术的推广及应用》，载《中国畜禽种业》2021年第4期。

［97］方卉：《绿色畜牧养殖技术及推广》，载《中国畜禽种业》2021

年第 4 期。

［98］徐大文：《如何做好饲料生产质量安全监管》，载《科学种养》2020 年第 12 期。

［99］刘海、刘荣凤：《饲料管理法规对我国饲料规范化生产的意义之探》，载《中国饲料》2020 年第 16 期。

［100］王华：《〈兽药生产质量管理规范（2020 年修订）〉解读》，载《农村经济与科技》2020 年第 18 期。

［101］邓文莎：《加强兽药饲料管理保障畜禽产品安全》，载《吉林畜牧兽医》2020 年第 2 期。

［102］李强、丁轲、段敏、刘鹏、戴岳：《低温肉制品加工、储运和销售过程中的微生物控制技术》，载《肉类工业》2015 年第 7 期。

［103］王海燕：《基于食品安全的禽肉冷链监控体系构建研究》，载《成都师范学院学报》2019 年第 5 期。

［104］林路：《新零售模式下肉制品冷链物流问题研究》，载《物流工程与管理》2020 年第 4 期。

［105］刘建辉、于丽丽：《肉制品生产加工中的质量安全问题探讨》，载《现代食品》2021 年第 3 期。

［106］朴金一、姜成哲：《肉制品的安全与质量管理现状和研究进展》，载《农业与技术》2020 年第 17 期。

［107］李雪琴：《畜禽肉品在物流过程中持续保鲜对策研究》，载《包装工程》2020 年第 21 期。

［108］熊立文、李江华、李丹：《我国肉与肉制品法规体系和标准体系现状》，载《肉类研究》2011 年第 5 期。

［109］张秋、邵琳、张淞、项晨：《重大活动中食品相关产品安全关键控制点分析》，载《中国酿造》2020 年第 11 期。

［110］张志刚、林祥木、胡涛等：《即食肉制品微生物污染及其控制技术研究进展》，载《肉类研究》2020 年第 1 期。

［111］王民、张晓芳、于瑞敏、胡冰冰、高戎、佟亮：《某部重大活动食品安全保障工作现状及其对策》，载《解放军预防医学杂志》2015 年第 4 期。

［112］Ian J, John S. Performance standards and meat safety—Developments and direction ［J］. Meat Science, 2012 (92).

［113］Katja W, Andreas T, Hans G, Ute M and Mario T. Dietary Supplement and Food Contaminations and Their Implications for Doping Controls ［J］. Foods, 2020 (9).

［114］World Health Organization. Cumulative number of confirmed human cases for avian influenzaA (H5N1) reported to WHO, 2003-2021.

［115］Shuo L, Qingye Z, Suchun W, Wenming J, Jihui J and Jiming C et al. Control of avian influenza in China: strategies and lessons ［J］. Transboundary and Emerging Diseases, 2020 (67).

［116］Ivette A. N. and Ted M. R. A review of H5Nx avian influenza viruses ［J］. Therapeutic Advances in Vaccines and Immunotherapy, 2019 (7).

［117］Animal and Plant Health Agency (UK), Erasmus Medical Centre (NL), Friedrich Loeffler Institute (DE), Istituto Zooprofilattico Sperimentale delle Venezie (IT), Linnaeus University (SE) and Wageningen University (NL). Report about HPAI introduction into Europe, HPAI detection in wild birds and HPAI spread between European holdings in the period 2005 - 2015. EFSA External Scientific Report, 2017.

［118］Marion K, Berry W, Marina C, Gerard N, Hans N and Arnold B et al. Transmission of H7N7 avian influenzaA virus to human beings during a large outbreak in commercial poultry farms in the Netherlands ［J］. THE LANCET, 2004 (363).

［119］Youjun F, Huimin Z, Zuowei W, Shihua W, Min C, Dan H and Changjun W. Streptococcus suis infection: An emerging/reemerging challenge of bacterial infectious diseases? ［J］. Virulence, 2014 (5).

［120］Chappell, Paul, Doherty, et al. Insight from the horsemeat scandalExploring the consumers' opinion of tweets toward Tesco ［J］. Industrial management & data systems, 2016 (116).

［121］Stephanie B, Christopher E, Michelle S, Christine W, Moira D. Four years post-horsegate: an update of measures and actions put in place following the horsemeat incident of 2013 [J]. npj Science of Food, 2017 (1).

[122] Code of Hygienic Practice for Meat, Codex Alimentarius Commission, CAC/RCP 58-2005.

[123] General Standard for Contaminants and Toxins in Food and Feed, Codex Alimentarius Commission, CXS 193-1995.

[124] Guidelines on the Application of General Principles of Food Hygiene to the Control of Listeria Monocytogenes in Foods. Codex Alimentarius Commission, CAC/GL 61-2007.

[125] Principles and Guidelines for the Establishment and Application of Microbiological Criteria Related to Foods. Codex Alimentarius Commission, CAC/GL 21-1997.

[126] Standard for Luncheon Meat. Codex Alimentarius Commission, CXS 89-1981.

[127] Standard for Cooked Cured Chopped Meat. Codex Alimentarius Commission, CXS 98-1981.

[128] Guide for the Microbiological Quality of Spices and Herbs Used in Processed Meat and Poultry Products. Codex Alimentarius Commission, CXG 14-1991.

[129] Guidelines for the Control of Campylobacter and Salmonella in Chicken Meat. Codex Alimentarius Commission, CAC/GL 78-2011.

[130] JEMRA. Risk Assessments of Salmonella in Eggs and Broiler Chickens.

[131] JEMRA. Risk Assessment of Campylobacter Spp. in Broiler Chickens.

[132] Terrestrial Animal Health Code. OIE.

[133] Guidelines for the control of nontyphoidal salmonella spp. in beef and pork meat. Codex Alimentarius Commission, CAC/GL 87-2016.

[134] Standard for Corned Beef. Codex Alimentarius Commission, CXS 88-1981.

[135] Principles and Guidelines for the Establishment and Application of Microbiological Criteria Related to Foods. Codex Alimentarius Commission, CAC/

GL 21-1997.

[136] Guidelines for the control of Taenia saginata in Meat of Domestic Cattle. Codex Alimentarius Commission, CAC/GL 85-2014.

[137] Guidelines for the Control of Trichinella spp. in Meat of Suidae. Codex Alimentarius Commission, CAC/GL 86-2015.

[138] White Paper on Food Safety. Commission of the European Communities.

[139] Council Regulation (EEC) No 315/93 of 8 February 1993 laying down Community procedures for contaminants in food.

[140] Commission Regulation (EC) No 1881/2006 of 19 December 2006 setting maximum levels for certain contaminants in foodstuffs.

[141] Commission Regulation (EU) No 37/2010 of 22 December 2009 on pharmacologically active substances and their classification regarding maximum residue limits in foodstuffs of animal origin.

[142] Council Regulation (EEC) No 315/93 of 8 February 1993 laying down Community procedures for contaminants in food.

[143] Commission Regulation (EC) No 839/2008 of 31 July 2008 amending Regulation (EC) No 396/2005 of the European Parliament and of the Council as regards Annexes II, III and IV on maximum residue levels of pesticides in or on certain products.

[144] Commission Regulation (EU) 2016/156 of 18 January 2016 amending Annexes II and III to Regulation (EC) No 396/2005 of the European Parliament and of the Council as regards maximum residue levels for boscalid, clothianidin, thiamethoxam, folpet and tolclofos-methyl in or on certain products.

[145] Commission Regulation (EU) 2017/671 of 7 April 2017 amending Annex II to Regulation (EC) No 396/2005 of the European Parliament and of the Council as regards maximum residue levels for clothianidin and thiamethoxam in or on certain products.

[146] Commission Regulation (EU) No 441/2012 of 24 May 2012 amending Annexes II and III to Regulation (EC) No 396/2005 of the European Par-

liament and of the Council as regards maximum residue levels for bifenazate, bifenthrin, boscalid, cadusafos, chlorantraniliprole, chlorothalonil, clothianidin, cyproconazole, deltamethrin, dicamba, difenoconazole, dinocap, etoxazole, fenpyroximate, flubendiamide, fludioxonil, glyphosate, metalaxyl - M, meptyldinocap, novaluron, thiamethoxam, and triazophos in or on certain products.

[147] Commission Regulation (EU) No 500/2013 of 30 May 2013 amending Annexes II, III and IV to Regulation (EC) No 396/2005 of the European Parliament and of the Council as regards maximum residue levels for acetamiprid, Adoxophyes orana granulovirus strain BV-0001, azoxystrobin, clothianidin, fenpyrazamine, heptamaloxyloglucan, metrafenone, Paecilomyces lilacinus strain 251, propiconazole, quizalofop - P, spiromesifen, tebuconazole, thiamethoxam and zucchini yellow mosaik virus-weak strain in or on certain products.

[148] Commission Regulation (EU) No 765/2010 of 25 August 2010 amending Annexes II and III to Regulation (EC) No 396/2005 of the European Parliament and of the Council as regards maximum residue levels for chlorothalonil clothianidin, difenoconazole, fenhexamid, flubendiamide, nicotine, spirotetramat, thiacloprid and thiamethoxam in or on certain products.

[149] Regulation (EC) No 178/2002 of the European Parliament and of the Council of 28 January 2002 laying down the general principles and requirements of food law, establishing the European Food Safety Authority and laying down procedures in matters of food safety.

[150] Regulation (EC) No 852/2004 of the European Parliament and of the Council of 29 April 2004 on the hygiene of foodstuffs.

[151] Regulation (EC) No 853/2004 of the European Parliament and of the Council of 29 April 2004 laying down specific hygiene rules for food of animal origin.

[152] Regulation (EC) No 854/2004 of the European Parliament and of the Council of 29 April 2004 laying down specific rules for the organisation of official controls on products of animal origin intended for human consumption.

[153] Regulation (EC) No 882/2004 of the European Parliament and of the

Council of 29 April 2004 on official controls performed to ensure the verification of compliance with feed and food law, animal health and animal welfare rules.

[154] FSIS. Controlling Listeria monocytogenes in Post-lethality Exposed Ready-to-Eat Meat and Poultry Products.

[155] Ayele M., DeLong S. M., Lo Fo Wong, D. M. A. etc. WHO Global Foodborne Infections Network (GFN): Over 10 years of strengthening national capacities to detect and control foodborne and other enteric infections globally.

[156] Food processing: strategies for quality assessment [M]. Springer, 2014.

[157] Greig J D, Ravel A. Analysis of foodborne outbreak data reported internationally for source attribution [J]. International journal of food microbiology, 2009 (13).

[158] World Health Organization. Risk assessment of Campylobacter spp. in broiler chickens: technical report [M]. World Health Organization, 2009.

[159] World Health Organization. Risk assessments of Salmonella in eggs and broiler chickens [M]. World Health Organization, 2002.

[160] Hugas M, Tsigarida E, Robinson T, et al. Risk assessment of biological hazards in the European Union [J]. International Journal of Food Microbiology, 2007 (120).

[161] European Food Safety Authority. Scientific opinion of the panel on contaminants in the food chain on a request from the European Commission on cadmium in food [J]. EFSA Journal, 2009 (980).

[162] Pei F, Wang Y, Fang Y, et al. Concentrations of heavy metals in muscle and edible offal of pork in Nanjing city of China and related health risks [J]. Journal of food science, 2020 (85).